少年读

水经注

刘兴诗 著

黄河篇

中流砥柱

青岛出版集团 | 青岛出版社

图书在版编目（CIP）数据

中流砥柱 / 刘兴诗著. — 青岛：青岛出版社，
2024.2
　（少年读《水经注》. 黄河篇）
　ISBN 978-7-5736-1751-4

　Ⅰ.①中… 　Ⅱ.①刘… 　Ⅲ.①黄河流域 – 自然环境 –
儿童读物 　Ⅳ.①X321.22–49

中国国家版本馆CIP数据核字(2024)第010935号

SHAONIAN DU《SHUI JING ZHU》（HUANGHE PIAN）· ZHONGLIU-DIZHU

书　　名	少年读《水经注》（黄河篇）· 中流砥柱
著　　者	刘兴诗
出版发行	青岛出版社
社　　址	青岛市崂山区海尔路182号（266061）
本社网址	http://www.qdpub.com
邮购电话	0532-68068091
责任编辑	刘　强　步昕程　李晗菲
特约编辑	李子奇　刘　朋　李　艳
装帧设计	乐唐工作室　王睿聪
封面插图	张子涵
内文插图	徕睦　刘　瑶　林秋波
摄影图片	图虫·创意　视觉中国
制　　版	青岛乐喜力科技发展有限公司
印　　刷	青岛乐喜力科技发展有限公司
出版日期	2024年2月第1版　2024年2月第1次印刷
开　　本	16开（710mm×1000mm）
印　　张	9.25
字　　数	120千
书　　号	ISBN 978-7-5736-1751-4
审　图　号	GS鲁（2023）0406号
定　　价	38.00元

编校印装质量、盗版监督服务电话　4006532017　0532-68068050

我晓得天下黄河九十九道弯哎，

九十九道弯里，九十九只船哎；

九十九只船上，九十九根竿哎，

九十九个艄公哟，把船来搬。

…………

这是一首歌颂黄河的歌，唱的是黄河从发源地出发后，大大小小的弯道不计其数。这里头既有对黄河曲折多弯的形象描述，也有对人民和黄河之间密切关系的歌颂——生活在黄河沿岸的人离不开黄河，他们要想方设法渡过黄河，或者凭借黄河讨生活哩！

歌里唱"九十九道弯"，可不是说黄河一路走来，一共拐了"九十九"次，而是说拐了很多很多次。黄河发源于巴颜喀拉山北麓，之后一路行走，共绵延一万多里，这路上既有"曲"也有"弯"。它以母亲般柔美的线条，蜿蜒伸展，塑造了一道道美丽的风景，绘就了一幅幅美丽的图画。

在这套书的上一册《大河之源》中，我们和郦道元一起，从《水经注》中记载的黄河源头开始，考察了黄河上游一些重要的山脉、河流、城郭，还找到了形成黄河"几"字形走势的那几个重要的转折点，收获非常丰富。星宿海、阿尼玛卿山、若尔盖草原、河套平原、龙羊峡、青铜峡等主要经行处或神秘，或

壮丽，给我们留下了非常深刻的印象。现在，黄河在从南到北进入内蒙古高原的边缘，画出一条辉煌的曲线，营造出肥沃的河套平原后，又从北向南奔腾而去，前方则是广阔的黄土高原。请你注意，黄河可不是一下子就扎进黄土高原那个巨大的"黄土堆"的，而是依依不舍地在内蒙古高原上流淌了一段。

从这一册开始，我们将继续追随郦道元前行，看一看黄河在中游都经过了哪些地方，形成了哪些独特的地理现象，发生过哪些重大的历史事件，诞生了哪些悠久的神话传说……请相信我，你一定不虚此行！

目录

草原上的
城和海

001

穿越大峡谷

007

"俟河之清，
人寿几何"

012

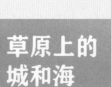

地下的火和
水上的油

018

黄河古渡
——碛口

025

黄土坡上的
"众风之门"

032

黄河上的
第一道大门

037

惊心动魄的
壶口瀑布

043

《水经注》
与壶口瀑布

047

黄河上的
"跳高比赛"
052

细说"龙门"
058

鹳雀楼与
捞铁牛
064

三十年河东，
三十年河西
073

铁打的潼关
076

打不完的
"泥沙官司"
085

千年函谷关
093

水中有铜人
100

"假途灭虢"
的故事
104

中流砥柱
108

十三朝古都
——洛阳
116

文明的摇篮
126

草原上的城和海

　　按照《水经注》的记载，我们追随郦道元的脚步继续往前走，就会来到一个叫"凉城"的地方，很多跟黄河有关的河从这里流过，比如"树颓水""中陵水""沃水"等：

　　沃水又东北流，注盐池。《地理志》曰：盐泽在东北者也。今盐池西南去沃阳县故城六十五里，池水澄渟，渊而不流，东西三十里，南北二十里。池北七里，即凉城郡治。

　　这段话除了沃水，还提到了两个地方——"盐池"和"凉城"。我先说一说凉城吧！

　　经考证，古代的凉城郡治位于今天内蒙古自治区乌兰察布市的凉城县境内。凉城的地理位置很好，它的北面靠着阴山。阴山自古以来就是我国农业区与牧业区的天然分界线。阴山以北干旱少雨、气温较低；阴山以南则气温稍高，雨水相对要多一些。凉城位于阴山之南，所以这里的自然条件比较适合农耕。相传战国时期，这一带属于赵国，秦朝时属于雁门郡。到了郦道元生活的北魏时期，朝廷在这里设立了凉城郡，于是《水经注》中才有了"凉城"之名。

凉城之所以历史悠久，还有一个非常重要的原因——它境内有"岱海"这个大湖。在古代，岱海及其周边的水域，对于农业灌溉大有益处，所以人们在这里繁衍生息，绵绵不绝。

岱海就是《水经注》中所说的"盐泽"。既然郦道元那个时代的人都称它"盐泽",说明这个湖里的水比较咸涩,可能含盐量比较高。但是现在去过岱海的人都知道,岱海有丰富的淡水鱼资源,水质非常好;飞到这里栖息的天鹅、大雁等珍稀鸟类也不需要生活在咸水周围。那它为什么叫"盐泽"呢?是不是郦道元搞错了?

郦道元的记载没有错,岱海在古代确实是个盐湖,只是因为近年来湖周围的生态环境保护得比较好,河水对湖水的补给比较充分,使湖面逐渐扩大,湖水也逐渐淡化了。

真没想到,在历史发展的过程中,岱海居然悄悄地"变身"了呢!

岱海的年龄可不小了。科学家们研究发现,早在200多万年前,岱海盆地的气候湿润,周遭河流很多。后来,气候逐渐变得干冷,周遭的河流不断缩短或干涸,进入岱海的水量锐减,导致湖面下降、湖水退缩,相应地,湖水的含盐度也变高了,于是湖水越来越咸。再后来,岱海的湖水面积不断随气候变化而增减。近年来,由于气候变化和人类活动影响,岱海湖面快速萎缩。

历史的时钟来到了2022年,一则新闻震惊了世人:

黄河的第一脉清流正式汇入岱海！这标志着岱海生态应急补水工程顺利完成。

原来，为了更好地改善岱海的水质，保护岱海湿地，水利工作者曾提出一个大胆的计划——从黄河干流引水，途经和林格尔县进入凉城县，把黄河水引入岱海。

经过多年奋斗，这个梦想终于实现了！2022年，岱海生态应急补水工程全线通水，总输水距离130多公里，输水管线与隧洞、泵站相结合，让清亮亮的黄河水注入岱海。

郦道元如果现在来到岱海，捧起一汪水来品尝，一定会大吃一惊——盐泽里的水怎么变得甜滋滋的了？

岱 海

　　岱海是一个椭圆形的内陆湖，长约20公里，宽约8公里，平均深度为7米，湖水面积约140平方公里，是内蒙古自治区第三大内陆湖。

　　这么大一个内陆湖，它的湖水是怎样补给的呢？我在正文中没有详述，这里还要补充一下。

　　原来，岱海的周围有20多条大大小小的河，河水源源不断地注入湖中；还有一些地下水也在这里汇集，从而补给湖水。

　　有两个问题需要说明：岱海是怎么形成的？为什么会有这么多河流汇入岱海？

　　这就要从地质学中寻找答案了。岱海是一个非常典型的内陆构造湖，远古时期的地壳运动使这里形成了一个断陷盆地，周围的河水都向此处流淌、聚集，慢慢地在断陷盆地的基础上生成了这个湖泊。

　　由于岱海的湖底主要是坚硬的玄武岩，加上周围河水带来的泥沙不多，所以能够使水资源长期保存，让它成为内蒙古高原上一道亮丽的风景线。

这个湖泊靠近长城和富庶的河套地区，所以我们的祖先很早就熟悉它了。汉代把它叫作"诸闻泽"；北魏时期叫作"盐池"，俗称"葫芦海"；宋元时期称为"鸳鸯泊"；明代叫作"威宁海"；清代生活在这儿的少数民族居民叫它"岱根塔拉"，后来改称"岱海"，这个名字一直叫到今天。

透过这些名字，你能联想到什么？

它的外形像葫芦，常常有水鸟飞来，面积广大如同海洋……我相信只听这些名字，你就喜欢上这个内蒙古高原怀抱里的湖泊了。

穿越大峡谷

让我们跟着郦道元的脚步，继续向前走。

黄河流啊流，被南北走向的吕梁山挡住了去路，只好拐了一个大弯，笔直地向南流进了晋陕大峡谷，形成了黄河"几"字形轨迹右上角的那一折。

众所周知，山西简称"晋"，陕西简称"陕"，所以听到晋陕大峡谷这个名字，你可能会想：它就在山西和陕西之间吧？

这话对，但也不完全对。

说它对，是因为晋陕大峡谷的确穿过这两个省；说它不完全对，是因为你忘了内蒙古也沾了一点儿边。黄河刚刚进入峡谷时，东岸是山西，西岸是内蒙古自治区的准格尔旗，后面才到达陕西。所以，如果说晋陕大峡谷在山西、内蒙古和陕西之间，那就更全面了。

在晋陕大峡谷，滚滚黄河又迎来了许多新成员。

你看，《水经注》中说：

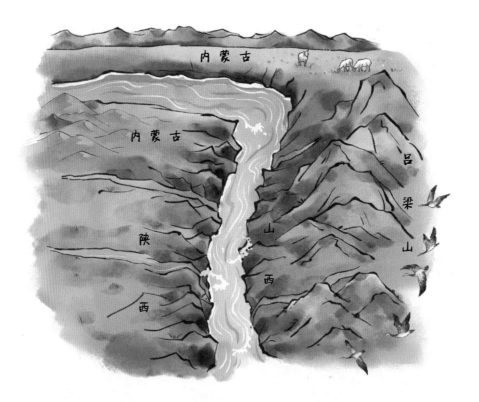

河水又南，太罗水注之。

河水又左，得涌水口。

"太罗水""涌水"两条支流汇入黄河。

接着，郦道元又说：

河水左合一水……其水西流，历于吕梁之山，而为吕梁洪。

哦，原来从山西境内吕梁山流出来的一条河，叫"吕梁洪"，往西也流进了黄河。

后面还有呢——"河水又东，端水入焉""河水又南，诸次之水入焉"。

总之，一条条大河小河，从晋陕大峡谷东侧的山西省、西侧的陕西省流进了黄河。

晋陕大峡谷从内蒙古自治区的河口村开始，一直延续到山西省的禹门口，全长720多公里，是著名的长江三峡的3倍以上。晋陕大峡谷不愧是我国第一大峡谷！

当然，在这个大峡谷里，由于受具体地貌和水文状况的影响，黄河也不是呈直线一路往前奔流的，而是歪歪扭扭拐了许多小弯，深深地切割着黄土高原，构成了另一个"九曲十八弯"。

黄河受晋陕大峡谷的约束，一鼓作气朝着正南方冲下来，河谷深度超过100米，谷底由北边入峡时的海拔1000余米，逐渐下降至海拔400米以下。河床宽一般在200米到400米之间，最窄处则只有几十米。请你设想一下：落差这么大，河床这么窄，河水奔流的速度得有多快？

郦道元在《水经注》中记录了这里险峻壮观的地理形势，他惊叹道：

其山岩层岫衍，涧曲崖深，巨石崇竦，壁立千仞，河流激荡，涛涌波襄，雷济电泄，震天动地。

这段话的大意是：这里的山岩石重叠，山涧弯弯曲曲的，崖岸又高又深，巍然耸立，河流冲击，波涛汹涌，势如雷电，轰隆之声震天动地。

这是一幅多么令人震撼的景象！

怪不得古代有这样的神话传说：大禹治水的时候，见高大的吕梁山挡住了黄河的去路，

清人绘《大禹治水图》

于是持利斧生生地将山崖劈开，使黄河水透过这一道缝隙奔流而去，洪水的势头这才减弱了许多。

如果我们把黄土高原比作一个蛋糕，那黄河就像一把刀把它切开，切口就是晋陕大峡谷。这么解释，是不是更形象呢？

地理知识我知道

晋陕大峡谷的形成

晋陕大峡谷是怎么形成的？仔细研究它的地质地貌，你就能发现其中的秘密。

这个峡谷尽管很深很陡，可是峡谷顶部的地面却比较平坦，上面的泥土里竟然夹杂着河流冲积形成的砾石层。谷内还有一级级阶地，也有砾石堆积。

这表明，在很久很久以前，就有一条大河从这儿流过，它很可能就是史前时期的黄河。后来，由于地壳抬升和流水侵蚀等因素，古黄河一次次下切，就生成了一级又一级的阶地。最后切割下来，生成了幽深的峡谷。

地质工作者在壶口地区进行考察，发现这些阶地中，最高的那一级在距今约100万年前形成。可见晋陕大峡谷的主体至少在100万年以前，就已经开始形成了。

"俟河之清,人寿几何"

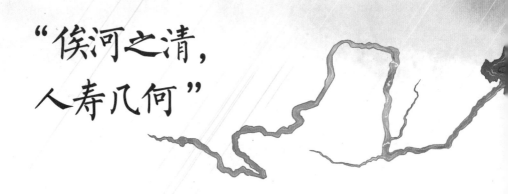

  "俟(sì)河之清,人寿几何。"这句话出自春秋战国时期的《左传》,意思是要等到黄河变清,一个人得活多久啊!

  我们通过这句话可以知道,早在2000多年前,人们就普遍认为黄河水比较浑浊了。当时人们主要生活在中原地区,他们眼中的河当然不是黄河上游,而是黄河中下游,也就是穿过晋陕大峡谷后的黄河。

　　我们在这套书的第一册《大河之源》中，曾跟随郦道元到过贵德，还知晓了一个俗语——"天下黄河贵德清"，也就是说黄河水在上游的很多地方都是清亮亮的，它名字中"黄"的特色可一点儿都体现不出来。然而等它走到中游，情况就发生了变化。

　　黄河从北往南，沿着晋陕大峡谷，穿过黄土高原。黄土高原的气候比较干燥，上面覆盖着数十米至数百米厚的黄土层。黄土的土质疏松，抗冲击能力弱，遇水很容易崩解；一些地方还是高原和沙地的过渡地带，出露的岩石很容易被风化，再加上植被稀少，水土流失严重，很多支流便挟带大量泥沙进入黄河。黄河在峡谷中水流湍急，对两岸的冲刷也很剧烈，使泥沙不断地被冲刷下来，把河水变得浑浊。另外，这里一年之内降雨很不均匀，降雨高度集中在夏季，几场暴雨下来，雨水强烈侵蚀着黄土高原的地表

和沟谷，泥沙就稀里哗啦地被冲进黄河。

黄河在晋陕大峡谷河段的流域面积，仅占整个黄河流域面积的15%左右，可是从这儿来的泥沙却占了整个黄河来沙量的一半以上。

统计资料显示，整个黄河流域每年的平均输沙量高达16亿吨，其中黄河上游地区的水量占全河水量的54%左右，而含沙量只占全河含沙量的9%左右，所以那里的河水可以说是清亮亮的。而在黄河中游地区，来自黄土高原的泥沙就占全河年平均输沙量的90%左右。

哎呀，这么多的泥沙！黄河名字中"黄"的特色，就是在这一河段开始体现的。

黄河在穿过黄土高原后，变成了彻彻底底的"泥河"，还由此衍生出一个俗语——"跳进黄河也洗不清"。是啊，河水中的含沙量这么大，洗什么能洗得清呢?

《水经注》中也有关于黄河含沙量的记载，郦道元引用汉代人的话说：

河水浊，清澄一石水，六斗泥。

"石"和"斗"都是古代的计量单位，十斗等于一石。也就是说，早在汉代，人们就发现黄河水里有60%都是泥沙了。《水经注》中保存的这条资料，是我国最早的关于黄河含沙量的记录，可以说十分珍贵。

古往今来，许多脍炙人口的诗歌也记录了黄河含沙量较高的情况。

南朝齐梁时期的文学家范云说："河流迅且浊，汤汤不可陵。"

唐代大诗人刘禹锡说："九曲黄河万里沙，浪淘风簸自天涯。"

北宋政治家王安石说："派出昆仑五色流，一支黄浊贯中州。"

这些诗句从不同的角度，点出了黄河水中所挟带的主要物质——"沙"。

王安石画像

新中国成立后，人们重视黄河的泥沙问题，认为治理黄河应当首先治理泥沙，并采取了一系列措施，使治黄事业取得了辉煌的成就，黄土高原终于不再是"泥浆制造机"了！

地理知识我知道

千奇百怪的黄土地貌

由于黄土的土质疏松，再加上流水等外力侵蚀，天长日久，黄土高原的地表变得千沟万壑、支离破碎，形成了黄土塬（yuán）、黄土梁（liáng）和黄土峁（mǎo）等多种多样的黄土地貌景观，与我们印象中一望无际、平坦宽阔的高原大不相同。

黄土塬指残留的高原面，顶面平坦宽阔，周围分布着被流水侵蚀形成的沟壑，是黄土地貌中比较完整的地貌形态，又被称为黄土台地。

黄土塬进一步受到流水侵蚀，被分割成长条状的山梁，就是黄土梁。

黄土梁继续被沟谷切割分离，形成孤立的馒头状山丘，就成了黄土峁。黄土峁所在地区通常水土流失十分严重，沟壑纵深，地形十分破碎。

黄河穿过黄土高原

地下的火和水上的油

晋陕大峡谷很长，让我们跟着郦道元继续往前走，去看几个有趣的地方吧！

（河水）又南过西河圁^{yín}阳县东。

《水经注》中说，"西河"是汉武帝元朔四年（公元前125年）朝廷设置的西河郡。

在古代，西河郡有好几处。

战国时期魏国设置的西河郡在今天陕西省北部的黄河沿岸。西汉设置的西河郡，先在内蒙古，后迁到今天的山西省吕梁市一带。《水经注》既然说是汉武帝设置的，那当然就在山西省这一边了。

往下的一段非常有趣。《水经注》引用《地理风俗记》说，圁阴县西边50余里远的地方，"有鸿门亭、天封苑（yuàn）、火井庙，火从地中出"。

"亭""苑""庙"都是人类活动场所，而"火从地中出"是说此地有火从地底冒出来。这是什么奇特的火？为什么能从地底冒出来呢？

让我们结合其他文献和类似的记载，一起分析一下这种现象吧！

宋元之际的史学家马端临编撰的资料《文献通考》中有这样一段记载："汉成帝河平四年（公元前25年）六月，山阳火生石中，改元为阳朔。"

这段话说的是汉成帝时，山阳县（在今河南焦作）某地，有火从石头里冒出来，皇帝觉得这件事很稀奇，便据此更改了年号。

唐朝人李匡文等撰写的《幸蜀记》中说："汉川什邡（fāng）井中有火龙，腾空而去。"什邡在今四川省德阳市。

这些文献中记载的石中之火、井中之火，到底是什么火呢？

有的小读者问："会不会是指火山喷发呢？"然而

火山喷发多发生在地壳运动活跃的地带，比如大山、冰川、海底，而不是一口小小的井中呀！

地质队员会告诉你："这明显是地下天然气燃烧的现象嘛。经过我们的考察，书中记载的那些地方都富含天然气。"

《水经注》里记载的火井庙表明，当地人早就看到了这个现象，但他们还以为是"火神显灵"造成的呢，所以才立庙祭祀。

不过，古人在敬畏这一自然现象的同时，也逐渐学会了怎么利用它。早在汉代，一些地方就有人利用火井煮盐了，这可比用柴火烧水煮盐便利得多。后来，还有人探索用长竹筒把天然气导到地面，点燃后给大锅加热。我们的祖先真有智慧啊！

好了，我们接着往下看。

《水经注》中说，"（河水）又南过上郡高奴县东"，接着是一段有趣的记载：

> 高奴县有洧^{wěi}水，肥可難^{rán}。水上有肥，可接取用之。

这里的"難"同"然"，就是燃烧的意思；"肥"是油的意思。也就是说，这条河上有可以点燃的油。

为了说明这种现象，《水经注》又引用《博物志》
的记载说：

酒泉延寿县南山出泉水，大如筥，注地为沟，水
有肥如肉汁，取著器中，始黄后黑，如凝膏，然极
明，与膏无异；膏车及水碓缸甚佳，彼方人谓之石
漆。

这是说酒泉的延寿县有一种泉，大小如同箩筐，在
地上冲出一条条水沟，水就像肉汁，收集起来存放一段
时间后，颜色由黄变黑，就像凝冻的油脂，点燃后非常
明亮。

你看到书中对这种脂状物的描述，是不是想说：
"哎呀，这不就是石油吗？"

高奴县在今天的延安一带，延寿县在今天的玉门一
带，这段文字非常生动地描述了古人在这些地方发现石
油的情况。

当然，在郦道元的时代，人们并不知道"石油"这
个名称，而是用"水上有肥"来说明它的存在。当地的
百姓也不知道它有多大的用处，只能取这些"肥"涂在
一些器械上用作润滑油，因此又叫它"石漆"。

虽然古人对天然气、石油等自然资源的认识和利用

都很有限，但是在这些地方发现石油、天然气的记录，都是非常珍贵的地质资料。

由于《博物志》原书已经遗失在历史长河中，现在流传的版本中并没有这段记录，所以《水经注》就成了现存古籍中最早记录玉门地区产石油的文献。20世纪30年代，我国的地质工作者开发了玉门和延安附近的油田，粉碎了帝国主义散布的"中国贫油"的谬论。可以说，郦道元独具慧眼，认真梳理、摘录文献资料，为后世的地质事业做出了贡献。

地理知识我知道

沈括和"石脂水"

在延安、延长一带发现石油的记录由来已久，古人还称石油为"石脂水"。宋代科学家沈括在《梦溪笔谈》里记录过这样一件事：

沈括画像

鄜延境内有石油，旧时说"高奴县出脂水"，指的就是它。石油生于河流沿岸的沙石，与泉水混杂，慢慢地流出，当地人用野鸡尾巴蘸它，将其采入瓦罐中。石油的表面和浓漆非常相似，燃烧起来像烧麻秆，不过烟非常浓烈，帷幕沾上这种烟便会变黑。我怀疑它的烟灰可以利用，便尝试将它扫起来制成墨，制出来的墨果然黑亮如漆，是松墨比不上的。于是我开始大量制造，标记为"延川石液"。

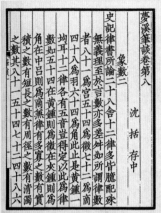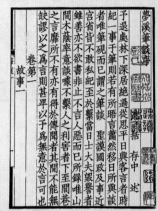

《梦溪笔谈》书影

沈括是我国历史上最早提出"石油"一词的人，他对石油的特点做了比较形象的描述，还特别指出它燃烧后生成的灰能用来制墨，是一种很有价值的商品。他还说"此物后必大行于世"，如果他说的是石油的话，那真是太有眼光了！现在，石油广泛应用于各领域，是一种非常重要的战略资源。

黄河古渡——碛口

黄河接着向南流：

河水又南，陵水注之。

"陵水"是古代黄河中游地区的一条支流，因为"水出陵川北溪"而得名。不过，它后来改名字了。在隋代，人们称这条河为"湫（jiū）水"。它的源头在今天的山西省兴县白龙山下，那儿有一座湫水寺。到了唐代，朝廷把这里改名为临泉县，这条河也改名叫临泉水；元代，又改过一次名；直到明清时期，才恢复湫水这个名字。

别看陵水的名字改过很多次，但水流的基本路线没有很大的变化。我要讲的则是这条河的出口，《水经注》中说，这条河"西转入河（黄河）"，也就是说它最终往西汇入了黄河。它流入黄河的那个河口，就是大名鼎鼎的碛（qì）口。

碛口古渡示意图

　　碛口被称为"九曲黄河第一镇"和"黄河峡谷第一渡"，曾经是晋陕大峡谷中四海客商往来的主要码头，繁华一时。

　　话说到这里，有的小读者不禁会问："晋陕大峡谷那么长，为什么偏偏挑选这个看着不起眼的小镇担当如此重任，难道别的地方不行吗？"

　　说起来，这就和碛口的"碛"有关系了。请注意"碛"这个字，它的意思是浅水中的沙石、浅滩。黄河在峡谷里奔腾咆哮，走到这里，东边的湫水挟带大量泥沙汇了进来。地质工作者告诉你：两河交汇处很容易形成浅滩，再加上泥沙挤占黄河水道，导致黄河河床的宽度在这一区域忽然缩小。因此，这里的水中密密麻麻地布满了暗礁和沙石，河道狭窄，水急浪高，形成了大同碛。不管是装载沉重的货船还是轻巧的羊皮筏子，都

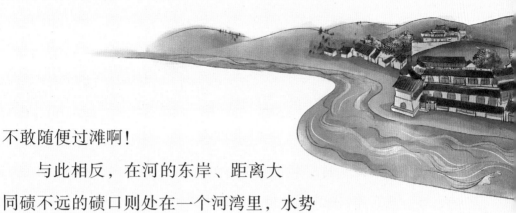

不敢随便过滩啊!

与此相反,在河的东岸、距离大
同碛不远的碛口则处在一个河湾里,水势
比较平稳。

假如你是一个有经验的船主,你是愿意让自己的船
继续行走,穿过河道狭窄、礁石密布的大同碛——稍有
不慎就会船毁人亡——还是把船停在水流相对平缓的碛
口呢?

我敢说,就是再雄心勃勃的商人,哪怕他再不情
愿,也只能在碛口靠岸,将满船的货物卸下,经陆路安
全转运到其他地方。

所以,在古代相当长的一段时期内,从内蒙古河套
地区和陕甘等地来的物资,一般都沿河而下,在碛口下
船,转走陆路,经过太原转运到北京、天津等地。中原
地区产的丝绸、茶叶和其他种类的商品,又从这里运往
西北各地。在没有铁路和公路的时代,黄河水运可是沟
通东西南北的交通大动脉啊!在这样的背景下,这个看
上去不起眼的小小古渡——碛口,挑起了联系黄河两岸
的大梁。

说白了，碛口就是黄河峡谷河运的终点站，也是黄河中游水陆联运的一个中转站。

你看，一艘接一艘的船来了；你听，商队骆驼脖子上的铜铃又叮叮当当地响了。

不用说，小小的碛口很快就发展了起来。精明的晋商"近水楼台先得月"，自然抢先一步，在这儿做起了生意。这里有商号、货栈、当铺，还有大大小小的客栈、饭馆。从明清时期直到20世纪三四十年代，碛口作为水旱码头，一直非常繁荣。

历史的车轮滚滚向前，一去不复返。随着时代的进步，交通越来越发达，特别是横贯黄河东西两岸的陇海铁路、京包铁路、包兰铁路的建成，使晋陕大峡谷里的黄河水运一天天衰落；碛口也像一颗珍珠，渐渐隐没在历史中，淡出了人们的记忆。现在，碛口古镇成了远近闻名的风景名胜区。很多游人来到这里，感受厚重的古镇风韵。

碛口上游的天然浮雕

我在地质考察中，发现碛口上游的黄河河道十分险峻，落差极大，这是流水的侵蚀作用使河谷不断下切造成的。

我乘船沿黄河东岸逆流而上，还看到一种奇特的地质现象——水蚀浮雕。那些造型各异、妙趣横生的崖壁浮雕，如同一幅巨大的画卷慢慢展开，有的像动物，惟妙惟肖；有的像山峦，气吞山河。这段石壁被人们称为天然画廊，是黄河一绝。

它们是怎么形成的呢？原来，这也与流水的侵蚀作用有关。随着河水下切，岸边的基岩逐渐露了出来，在日积月累的风化、日照、水流冲刷等作用下，形成了姿态各异的水蚀地貌。

碛口一带的厚层砂岩内含有大量的正长石和石英岩。正长石质地疏松，在水流冲刷和风吹日晒之下很容易分解；石英岩则比较坚硬，它周围的岩层被分解后，它就会从中脱落，留下各种各样的石沟、石窟，形成天然浮雕。

也许郦道元没有发现这一奇观，所以他没有在《水经注》中提到。这么珍贵的自然遗产，值得我们好好开发和保护！我听说，现在"黄河水蚀浮雕"已经成为当地一个重要的旅游资源，可惜我年纪大了，不能再次去旅行。如果小读者感兴趣，倒是可以去好好看一看，给郦道元的《水经注》补上几笔。

黄河沿岸水蚀地貌

黄土坡上的"众风之门"

过了险峻的碛口，我们还要继续往南走。《水经注》中说："（河水）又南过河东北屈县西。""北屈县"是个古地名，在今山西省临汾市。也就是说，黄河此时正流经山西呢！

郦道元记录了这个地方的一个有趣的现象：

（北屈县）西四十里有风山，上有穴如轮，风气萧瑟，习常不止。当其冲飘也，略无生草，盖常不定，众风之门故也。

这段话的大意是：北屈县西边四十里有一座"风山"，山上有一个像车轮一样的圆洞，被风吹得呜呜作响。因为老是有风吹，所以周边也不长草，这里就像各个方向的风必经的门户，被称为"众风之门"。

这是什么洞，为什么如此神奇？

古人没有学习过地质学，所以认为这个洞是风儿钻来钻去的门户，还是让我这个地质队员告诉你正确答案吧——它就是黄土高原上常见的风蚀洞穴。

为什么黄土高原上会出现这种神奇的地质现象？让我们接着往下看。

郦道元说在"风山西四十里"的地方，据《山海经》的记载，有一个"孟门之山"，"其下多黄垩（è）、涅（niè）石"，意思是山下的泥土里有黄垩、涅石。

黄垩可能就是指这一带最常见的黄土。黄土富含碳酸钙，结构疏松，很容易被侵蚀，而风蚀洞穴的形成，就跟这种土质有关系。

黄河流经的晋陕大峡谷两侧，就是黄土高原。黄土高原是怎么形成的？它是千百万年来，风从西北方的沙漠里带来的尘沙堆积而成的，土层通常有几十米到上百米厚，甚至更厚。

大风从黄土高原上吹过，卷起地上的沙尘，使地表形态遭到破坏，这在地质学上叫"吹蚀作用"；风裹挟着沙尘，一遍遍地刮过岩壁和地上的岩石，不断地冲击摩擦，使它们慢慢被磨损、侵蚀，这在地质学上叫"磨蚀作用"。

在风的吹蚀和磨蚀下，本就脆弱疏松的土壤和岩壁不断被侵蚀剥落，在陡峭的岩石表面形成了大小不等、形状各异的凹坑和洞穴，进而生成《水经注》中记载的"众风之门"。郦道元不了解相关的科学知识，所以觉得很神奇，就把这种现象记录了下来。经过我这么一番解释，相信你就不会觉得它特别神秘了——就是一种普通的地质现象嘛！

所以，科学知识会让我们更好地认识自然现象、破解自然之谜，大家一定要认真学习哦！

另外，我要强调一下：富含碳酸钙的疏松黄土不只容易被风侵蚀，还容易被水溶蚀。在雨水和河流的冲刷下，黄土高原上到处都是纵横交错的冲沟，生成一些深深浅浅的漏斗，沿着地表的裂缝和洼地成串分布。因为这种景象很像石灰岩地区的喀斯特地貌，所以又叫"黄土喀斯特"。黄土还有直立不倒的特性，在风蚀作用下，黄土高原上常常残留一些高高耸起的黄土柱，非常引人注目。

黄土的碱性很强（当地人俗称"水土硬"），生活在黄土高原上的人们为了解决这个问题，自古以来就习惯把醋作为主要调味品。据一些学者研究，这是因为醋中的酸与黄土中的碱发生中和反应，能够让人体内的酸碱度保持在一个比较平衡的状态，让身体更健康。

外地人不理解，都说："哎，山西人怎么这么喜

欢醋呢？"我要告诉你，这可不是他们喜欢不喜欢的问题，其中还有更深层次的原因，那就是地理环境、自然环境会影响人的饮食习惯！黄土高原适合种植小麦、谷子等农作物，所以山西人也爱吃面食和小米饭。

走在山西一些城市的大街小巷里，你可能会闻到香喷喷的醋香；就像我们走在重庆、成都的一些大街小巷里，到处都弥漫着火辣辣的火锅味一样。

正所谓"一方水土养一方人"，因为每一方水土各有其特点，所以每一方人也相应地拥有不同的生活习惯。这大概就是人与环境和谐相处的奥秘吧！

黄土高原风蚀地貌

黄河上的第一道大门

　　让我们从对美食的回味中走出来，继续一起读《水经注》吧！

　　上一篇中说了，"风山西四十里"的地方，是"孟门之山"。郦道元记载了一个跟它有关的传说：

　　龙门未辟，吕梁未凿，河出孟门之上，大溢逆流，无有丘陵、高阜灭之，名曰洪水。大禹疏通，谓之孟门。

　　意思是说：在龙门和吕梁山还没有开辟的时候，黄河是从孟门上面流出去的，泛滥的大水横溢，没有丘陵、高山来阻挡，被称为"洪水"。大禹疏通水流，形成了黄河河道上的第一道大门，于是将这里称作"孟门"。在古代汉语中，"孟"有第一的意思。

　　我梳理了一下前因后果，更深入地解释一下：这段河道的右边是吕梁山，再下游是龙门。因为当时吕梁山是从左到右连在一起的，而下游的龙门还没有开辟，所以《水经注》中说"龙门未辟，吕梁未凿"。黄河流到这里被堵住了，水越积越多，形成洪水，泛滥成灾。大禹治水的时候来到这里，在山上凿开了一道口子，让河水奔流向前，这才驯服了洪水。

孟门就是今天山西省吕梁市柳林县孟门镇。那里有一座南山寺，寺的附近有一块大石头，传说上面保留的正是大禹治水时留下的一个脚印，因此叫作"禹王石"。它提醒人们，要永远记住大禹治水的功劳。

从地理位置来看，孟门背靠吕梁山的一条支脉，紧挨着黄河。上面是碛口，下面也是一个渡口，叫军渡。孟门是黄河"峡谷三镇（三个渡

口）"中的"第二镇（第二渡）"。

孟门可不只是一个普通的渡口和小镇，还有着非常悠久的历史。

春秋战国时期，这里有一个名不见经传的小国——蔺（lìn），后来被赵国吞并，成为赵国的重要治地。据说，赵国著名的政治家、外交家，"完璧归赵"的主角——蔺相如，就是这儿的人。

孟门曾经作为一个行政中心，管辖包括黄河对岸陕西的一些地方。西汉时期，这里被封为侯国。

然而，历史悠久的孟门后来却渐渐衰落了，如果今天的我们不去读《水经注》，可能很难注意到它。这到底是什么原因呢？

说起来，这还是黄河造成的。脾气暴躁的黄河，连续给了它三次致命的打击。

第一次打击在清代雍正元年（公元1723年），一场洪水淹没了全城。

第二次打击在道光二十二年（公元1842年），一场暴雨引发黄河泛滥，酿成水灾，波及孟门古城。

第三次在咸丰六年（公元1856年），黄河突然发了一场特大洪水，地势低平的孟门猝不及防，全城房屋连同数百孔窑洞，还有城边坪坝上的桑田和麦田，全都被洪水冲毁。从此以后，孟门元气大伤，再也没有恢复往日的繁华景象。

再后来，随着铁路交通的发展，孟门原先的口岸作用就更小了。这个"黄河第一门"也渐渐地成为历史遗迹，见证着千百年来黄河的变迁。这可真是"成也黄河，败也黄河"啊！

黄河峡谷"第三渡"——军渡

　　说完了碛口和孟门——晋陕大峡谷里的前两个古渡、古镇，我再顺便说一说第三个古渡和古镇——军渡吧！

　　军渡，从前叫作"军铺渡"。这个名字带有浓浓的军事气息，一听就知道它主要用作军事行动。

　　军渡和孟门都属于山西柳林。黄河在附近转了一个弯，军渡对岸的吴堡县城在这个弯的一边。那里有一片低平狭窄的台地，人们借此修建了县城。而军渡这边地势则比较陡峭，相对来说易守难攻，所以自古以来就是驻兵防守的地方。

　　说到这里，小读者可能会问："军渡这个地方和军事行动有怎样的关系呢？"

　　据说，北宋太平兴国四年（公元979年），宋太宗率军远征，有一路大军在这里东渡黄河，浩浩荡荡地开进山西境内。大军在这里过河，肯定不是心血来潮，这说明那时候这里便是一个重要的渡口，要不然怎么会选择从这个地方过河呢？"车辚辚，马萧萧"，数不清的战士曾经从这里路过，踏上未知的战场。

宋太宗画像

明朝正德十三年（公元1518年），那个爱游山玩水的皇帝明武宗，在陕北的延安、绥德一带玩够了，也是从这里东渡黄河回北京的。明朝末年，闯王李自成率领起义军兵分三路渡过黄河直捣京城，其中一路也是从这里走的。想不到这个小小的渡口，居然发生过这么多故事！

惊心动魄的
壶口瀑布

　　黄河继续沿着大峡谷南下，滚滚滔滔，其气势之雄，世间少有大河与它匹敌。

　　你可以想象一下：倘若把整条黄河都装进一个悬空的大壶，让河水从壶口倾泻而下，那将是什么情景？

　　请注意，那可不是一壶浇花的水，而是整条黄河的水呀！

　　波翻浪涌，水雾渺渺；河水激荡，如同大地响起惊雷……所有这一切，在一刹那全都迎面扑来，实在是太壮观了！

　　有的小读者读到这里说不定会笑："把黄河水全都装在一个大壶里，然后再一下子倒出来……你这是在讲神话故事呢？"

　　也不全是神话故事哦！在黄河中游就有这样一个地方，把我这个石破天惊的想象实现了，它就是名闻天下的壶口瀑布！

壶口瀑布位于今天陕西省宜川县和山西省吉县间的黄河干流上，是我国第二大瀑布。黄河奔流到这里，河道收窄了，两岸崖壁峭立，翻滚的河水倾泻而下，出水处活像一个壶口，于是得名"壶口瀑布"。古籍中有"盖河……悬注漩窝（涡），如一壶然"的记载，寥寥数字，就把它的"相貌"描述得一清二楚。

科技工作者在壶口瀑布上游测量过，那里的黄河水面约有300米宽，然而，在之后不到500米的距离中，河道被骤然压缩到仅有二三十米的宽度。每年春天，冰河解冻，每秒有1000立方米以上的河水从这个小口中涌出，再沿着20多米高的悬崖倾泻而下，形成了"千里黄河一壶收"的磅礴画面。

河水的怒吼声仿佛惊雷，据说人在十几里外也能听见。只有身处此地，人们才能真正感受到"黄河在咆哮"这句话描述得多么贴切！急流飞溅，瀑布水冲到谷底，激起弥漫的水雾，生成水底冒烟的奇景。

初春时节，漫山遍野的山桃花盛开，正是黄河冰凌融化的"三月桃花汛"。在这个时节前来拜访壶口瀑布，放眼望去，河水几乎漫过整个峡谷，成排的大浪卷着水花，翻江倒海般飞流直下，使人大受震撼。

抗日战争时期，著名诗人光未然就是在路过这个地方时，感受到黄河的壮阔气象，怀揣着革命激情，在延安创作了诗歌《黄河吟》。后来，音乐家冼星海将它改写为歌词并谱写了曲子，形成了音乐史诗《黄河大合唱》。其中《黄河颂》一节，歌词是这样的：

我站在高山之巅，
望黄河滚滚，奔向东南。
惊涛澎湃，掀起万丈狂澜；
浊流宛转，结成九曲连环；
从昆仑山下奔向黄海之边；
把中原大地劈成南北两面。
…………

感兴趣的小读者可以去听一听这首雄浑有力的乐曲，你要知道啊，那是黄河在我们中国人心上留下的疾风骤雨般的音符！

壶口瀑布

《水经注》与壶口瀑布

壶口瀑布很出名，可以说无人不晓。但奇怪的是，《水经注》中却没有相关的记载。

这就令人费解了：既然壶口瀑布这么壮观、这么雄伟，为什么郦道元没有记载呢？反倒是在壶口瀑布下游一个叫"孟门山"的地方，郦道元描述得比较详细。

咦，我在前面不是说过孟门古渡吗？怎么这里又出现了"孟门"二字？

事实是这样的：黄河从晋陕大峡谷南下，的确会经过两个"孟门"。一个在峡谷上游，一个在峡谷下游；一个在岸边，一个在河心；一个属于山西，一个属于陕西；一个叫"上孟门"，一个叫"下孟门"。

"下孟门"虽然被称为"山"，但实际上是两块巨大的礁石，它们巍然屹立在河中央，形成了两个河心岛。黄河水从中间穿过去，水流量大的时候会激起汹涌的巨浪。

虽然《水经注》中并没有明确区分这两个"孟门"，但根据书中描绘的壮观景象，我可以推测，他说的正是现在的下孟门。

让我们认真看一看《水经注》是怎么描写这一处风景的：

河中漱^{shù}广，夹岸崇深，倾崖返捍^{hàn}，巨石临危，若坠复倚。……其中水流交冲，素气云浮，往来遥观者，常若雾露沾人，窥^{kuī}深悸魄。其水尚崩浪万寻，悬流千丈，浑洪赑^{bì}怒，鼓若山腾，浚波颓^{jùn}^{tuí}叠，迄于下口。

这是《水经注》中最知名的篇章之一。在这段文字中，郦道元从多个角度描绘了河水咆哮闯过孟门山的景象，充分展示了黄河的壮美。我把它翻译成现代汉语，大意如下：

河道因为被水冲击而非常宽阔，两岸极深，两边都是悬崖，高处的巨石好像靠在悬崖上就要掉下来似的……这里的水流交汇冲击，白色的水汽好像飘浮的云雾，来来往往的人从远处观看，常常会觉得被雾露沾湿；如果向深处俯视，更觉得惊心动魄。河水在此迸溅出万寻高的浪花，千丈瀑布从高崖一泻而下，奔腾澎湃的浊流好像发怒的鼋（古时一种动物，像大龟），如山的巨浪激流交叠，直奔下游而去。

奇怪的事情又发生了：如果我们现在去孟门山这个地方实地观察，根本就看不到前面所说的"悬流千丈""鼓若山腾，浚波颓叠"的壮阔场景；那里的水流很平缓啊，和《水经注》中的描写差别太大了！

这是怎么回事呢？难道是瀑布"跑"了？

你猜得不错，瀑布真的"跑"了！

有学者研究过，在郦道元的时代，壶口瀑布应该就在离孟门山不远的位置。不过，在之后漫长的岁月中，瀑布缓缓向上游后退，直至今天移动到上游一个叫龙王辿（chān）的地方。

那么，壶口瀑布为什么会移动呢？地质学家来到这里认真考察后，宣布：这是瀑布裂点不断后退的结果。

什么是"裂点"？

原来，瀑布形成的地方，都有能抵抗风化剥蚀和水流冲刷作用的岩层。水流流过这儿，一时没法冲动坚硬的岩层，就会翻过去，形成瀑布。可是世界上再硬的石头也有被侵蚀冲毁的那一天，只不过被侵蚀破坏的速度慢一点儿而已，瀑布顶端的岩层也一样。前面的岩层被破坏了，瀑布就会慢慢后退。那一个个曾经是瀑布顶

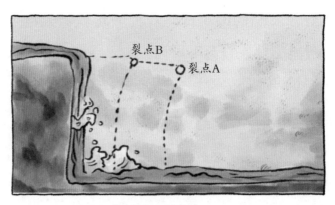

瀑布裂点示意图

点的地方，就是裂点。传说中被"劈开"的那两块礁石（孟门山），可能就是壶口瀑布曾经的裂点。

根据古籍的记载，我们可以推测，大约在公元前770年，壶口瀑布离孟门山不远。根据《元和郡县图志》记载，到了唐宪宗元和八年（公元813年），壶口瀑布已经距离孟门山1000步（1500米左右）了。而现在的壶口瀑布，已经退到孟门山上游约5000米的地方。请你算一算，在这2000多年的岁月里，壶口瀑布后退的速度是多少？

由于瀑布落水力量特别大，逐渐在瀑布下方平整的河道里冲出了一道深槽。随着壶口瀑布不断后退，这道深槽也越来越长，到今天已经长达5000米，被人们称作"十里龙槽"。

亲爱的小读者，读到这里，你是不是已经知晓壶口瀑布"跑"的秘密了？其实，郦道元也了解一些，所以他在《水经注》中说了：

古之人有言："水非石凿，而能入石。"信哉！

大意是：古人曾经说过，水不是石匠的凿子，却能够进入石头中。这话确实是真的啊！

说到底，这和"水滴石穿"的道理有相通之处呀！

"水滴石穿"也是一种学习精神喔！

黄河上的"跳高比赛"

　　《水经注》讲完孟门山，紧接着提了一句："河水又南得鲤鱼。"有人说，这里的鲤鱼指的是一条叫"鲤鱼涧"的小河。郦道元在这里引用《尔雅》说：

　　鳣（zhān），鲔（wěi）也。出巩穴，三月则上渡龙门，得渡为龙矣。否则，点额而还。

　　"鳣""鲔"在古代泛指鲤鱼、鳇（huáng）鱼等淡水鱼。古人发现，每年农历三月，鱼儿出了河底的洞穴后，会沿着黄河逆流而上，游到龙门这个地方时，被横卧在河心的一道高高的岩坎挡住了去路。它们便像参加奥运会的跳高运动员似的，把龙门当成横杆，拼尽全力也要跳过去。

　　龙门位于晋陕大峡谷的南端，在今天山西省河津市西北，两岸的峭壁对峙，就像一道大门，因此而得名。为什么鱼儿要这么拼命地跳过龙门呢？你到当地去打听

打听，白头发的老爷爷和老奶奶会这样说："这是龙王爷在考验它们的本领哩！"

原来，这就是在我国流传已久的"鲤鱼跳龙门"的传说。

在古代，人们发现每到春季，河里的一些鱼儿（古人多视之为鲤鱼）就会逆流而上，在龙门附近的水面上不断跳跃，但由于水流湍急，没有任何鱼类可以跳过龙门，所以古人想象这些鲤鱼跳过龙门后，会变化成龙腾空而去，自由自在地翱翔于九天之上。而跳不过去的鱼，头部磕在拦河的岩坎上，就会留下一道疤痕，也就是《水经注》所说的"点额而还"。

这些鱼是要做在空中飞翔的龙，还是甘心只做一条在河里游泳的鱼，那就看它们自己的能耐和造化了，旁人实在不能做主。

这个传说是真的吗？当地人说话了："当然是真的！不信你们等到春天来看看，运气好的话真能看见这一奇观。"有的人不信，就想刨根问底："鲤鱼为什么要跳龙门？不跳可以吗？"

我要告诉你，这不是它们想不想跳的问题，而是鱼类的一种本能驱使它们这么做。俗话说"江山易改，本性难移"，人是这样，鱼也一

样。其实，古人早就了解它们的这种习性了。

唐朝一个叫戴叔伦的诗人，写过一首诗——
《兰溪棹（zhào）歌》：

> 凉月如眉挂柳湾，
> 越中山色镜中看。
> 兰溪三日桃花雨，
> 半夜鲤鱼来上滩。

你瞧，这首诗里的"半夜鲤鱼来上滩"，
说的也是鲤鱼在滩头跳跃的情景。看来，不仅黄
河里的鲤鱼要跳龙门，其他地方的鲤鱼也要跳龙
门。如果你想了解鲤鱼跳龙门的秘密，就接着往
下读吧！

鲤鱼跳龙门的秘密

为什么一些鱼儿要"跳龙门"？为什么一些鱼儿要"上滩"？这是它们顺着江河洄（huí）游的特性。

你可能以为江河滚滚、大海茫茫，水里的环境到处都一样，鱼儿生活在大致固定的区域，很少迁移到别的地方。

那就错了！其实，大多数鱼类不会永远停留在一个地方生活，它们也像空中的大雁一样，会来回迁徙。鱼类的迁徙活动叫"洄游"，这是一种非常普遍的生物现象。

为什么有的鱼儿要洄游？生物学家按照其洄游的目的分为以下3种情况：

一种是因为产卵，叫作"生殖洄游"。一些鱼类会从遥远的外海游到靠近陆地的浅海，或者从海里游进河里去产卵。比如黑龙江流域的大马哈鱼，每年夏秋之际会成群结队地从海里游进江里来，精疲力竭地游到上游的故乡去产卵。黄河鲤鱼也是这样的。根据人们观察，每年开春后，河上的浮冰融化了，许多鱼儿就会向上游前进，寻找理想的产卵地。它们游到龙门跟前，被瀑布的水流挡住了去路，只好挤在一起，在水上奋力跳跃，想翻过这个天然障碍，于是才有了"鲤鱼跳龙门"的传说。

还有一种是因为追逐食物，叫作"索饵洄游"。简单地说，就是一些鱼为了寻找食物，在某一个固定的周期内，会成群结队地向食物比较丰富的地方做长距离的迁移。

最后一种是因为要过冬，叫作"越冬洄游"或"季节洄游"。有的鱼由于季节变化了，水温降低，所以要顺着水流到水温适合的地方去过冬。

总之，"鲤鱼跳龙门"本来就是鱼类的本能，古人还没有掌握相关的科学知识，才想出这样一个美丽的传说来。

细说"龙门"

　　上一篇文章中我提到的"龙门",可不仅仅存在于"鲤鱼跳龙门"的故事中,那毕竟是个传说。它还有非常重要的地理意义——晋陕大峡谷在这里结束,黄河于此开启了一段新的旅程。

　　我们根据《水经注》的记载,沿着晋陕大峡谷南下,到了龙门,长长的峡谷终于到头;再往前走,就是宽阔的河段了。峡谷似乎为了显示最后的威严,把出口处压得特别狭窄,宽度只有100米左右;两边的崖壁也非常陡峭,营造出一副大门的模样。河水从这个"大门"中奔腾而出,河宽突然增加到1800—3000米,水流的速度也大大放缓。

　　怪不得这里叫"龙门"呢,这不正是黄河这条巨龙冲出晋陕大峡谷的大门吗?你还记得《尚书·禹贡》中对黄河源头的记载吗?

导河积石，至于龙门。

古籍中记载黄河从积石山下咕嘟咕嘟"冒"出来，一路蜿蜒前行到达的龙门，就是指这里了。

龙门还有个名字，叫"禹门口"，顾名思义，跟大禹治水也有些关系。相传，大禹治水时来过这里，他劈开阻挡洪水的崖壁，疏导黄河继续前进。《水经注》是这么记载的：

昔者，大禹导河积石，疏决梁山，谓斯处也。即《经》所谓龙门矣。

在神话传说中，仅在晋陕大峡谷，大禹就凿建了吕梁、壶口、孟门、龙门四个大工程。

龙门附近还流传着一个"错开河"的故事：

大禹当初在这里开辟的河道本来有两条，一条就是现在直通龙门的，另一条则偏向西边。大禹正指挥工匠往西边进一步挖掘时，天上飞来一只大鹏，叫道："错开河，错开河，开西不胜往东挪！"大禹听懂了大鹏的语言，忙命令大家把河道的位置往东挪。于是，后人把两条河道的交叉处取名为"错开河"。

现实中的龙门不仅是晋陕大峡谷的出口，还是黄河重要的支流之———汾河汇入的地方，地理位置非常重要。战国时期，魏国在这里设置了一个军事要塞，因为此处最早是皮氏古国的所在地，故取名为"皮氏县"。北魏将这里改为"龙门县"，到了北宋又改称"河津县"。

黄河和汾河交汇示意图

"河津"这个名字取得好！黄河之津，意为黄河上的渡口。黄河出了大峡谷后，河道一下子放宽，水流也缓和了很多，此处便成为大峡谷两边的人往来交通最理想的一个渡口。

话说到这里，我想特别强调一下，在好多文献中，"龙门"是"河津"的古称，两者其实指的都是黄河钻出晋陕大峡谷的地方。现在，在山西省西南部、黄河东岸，有一个县级市叫河津市。河津市之所以以"河津"为名，就是境内有河津这个古今驰名的地方。这么说，你是不是理解得更清楚了呢？

黄河水变红的怪事

《水经注》根据古籍《竹书纪年》的记载，说："晋昭公元年，河赤于龙门三里。梁惠成王四年，河水赤于龙门三日。"

意思是，在晋昭公元年（公元前531年）和梁惠成王四年（公元前366年）这两年，龙门附近的黄河水出现了变红的现象。这虽然都是公元前发生的事情，距今已经很久很久了，但还是引起了研究者的注意：龙门一带的黄河水，即便不是清亮亮的，也应该是黄色的啊，怎么会忽然变成红色的呢？

有人问："是不是这里发生了一场大战，以致血流成河，把黄河水都染红了？"

然而，史书中并没有当时这里发生战争的记录。

《水经注》又引用一本古书说："河水赤，下民恨。"看来古人认为，是老百姓的怨气太深，把黄河水都变红了！

当然，怨气使河水变红肯定是无稽之谈。

能确定的是，这是一种偶然发生的自然现象，因为后来没有再出现类似的记载。

让我们看看《水经注》里有没有答案吧！

在"夏阳县西北"，即河水变红的地方不远，"山崩，壅（yōng）河三日不流"。哦，这里曾经发生过山崩，大量泥沙混入河中，造成河流堵塞，时间恰好也是三天。

哎呀，我好像找到河水变红的原因了。让我这个地质队员来解释一下吧！

龙门一带的黄土层下面有红色土，它们随着山崩大量填入河中，使河水变得非常浑浊，造成了河水变红的现象。这和战争以及老百姓肚子里累积的怨气没有半点儿关系。

下游山崩堵塞的"因"，造成上游河水变浑发红的"果"。当然，这只是我的一种猜测，也许还有别的可能性，感兴趣的小读者可以做进一步的探究。

龙 门

鹳雀楼与捞铁牛

我们出了龙门，和郦道元一起沿着黄河继续走。《水经注》接着说：

（河水）又南过蒲坂县西。

这个"蒲坂县"在哪里？说起来，它可不简单，它就是黄河中游的一座千年古城——蒲州，在今天的山西省永济市境内。

"蒲州""蒲坂"这两个名字用了上千年，清代才将这里改名为"永济县"。传说，上古时期，尧的都城就在蒲坂，《水经注》也说："蒲坂，尧都。"哎呀，这可是中华文明发祥的地方。

南北朝时期，这里是黄河水运的要冲；唐朝时期，人们认为这里是"天下三都"（西都长安、东都洛阳、北都晋阳）的"要会"，即进出三都的要地，可见它的地位有多重要。

我讲了这么多，有的小读者会说："我还是没觉得这个地方很出名、很独特啊！"

别急，我先背诵一首大家耳熟能详的诗：

白日依山尽，
黄河入海流。
欲穷千里目，
更上一层楼。

近人绘《登鹳雀楼》诗意图

这首诗的题目叫《登鹳雀楼》，作者是唐代大诗人王之涣。*你是不是已经背得滚瓜烂熟了？告诉你吧，鹳雀楼就在蒲州古城郊外的黄河边上。

北周时期，朝廷为了镇守蒲州，在这里修建了一座戍楼，主要用作军事瞭望，后来被称为"鹳雀楼"。北周在时间上要晚于郦道元生活的北魏，所以《水经注》中并没有记载这座楼。

---

* 王之涣留下的诗作很少，除了《登鹳雀楼》，还有一首也提到了黄河，那就是《凉州词》："黄河远上白云间，一片孤城万仞山。羌笛何须怨杨柳，春风不度玉门关。"

　　除了王之涣，还有很多有名的诗人也创作过描写鹳雀楼的作品，这让它的名气越来越大。

　　那时，鹳雀楼默默地矗立在古城的一侧，面对滔滔的黄河，前面则是青青的山峦。沈括在《梦溪笔谈》中用"前瞻中条，下瞰大河"八个字形容鹳雀楼视野之广阔。"中条"是指中条山，"大河"即指黄河。

　　后来，鹳雀楼在战火中被毁，仅存的地基又在一次洪水泛滥中被淹没。直到20世纪90年代，这座名楼才得以重新修建，再次焕发出勃勃生机。

　　说完鹳雀楼，我再讲一个"捞铁牛"的故事，这个故事就发生在蒲州。

　　话说蒲州古城边上，有一个非常重要的渡口——蒲津，它自古以来就是连通黄河两岸的重要通道。人们有时候用船渡河，有时候则走浮桥。

　　走浮桥过河当然要比划船摆渡好，可以节省时间。然而，浮桥也有缺点，那就是很不稳定，一旦遇上黄河发大水，就会被冲得摇摇晃晃的，甚至被拦腰冲断。春天，河上的冰层融化，形成冰凌，这时候人们要过河也很危险——浮冰冲撞浮桥产生的撞击力甚至比洪水的力量还要大。

唉，夏有洪水，春有冰凌，怎么办？得想一个好办法，把水上的浮桥固定住才好。

唐玄宗时期，为了让两岸的人更安全地往来，朝廷派兵部尚书张说主持增修这儿的渡桥。"兵部尚书"是个大官儿，皇帝派出这么高级别的官员来主持修建工作，可见他对这件事的重视程度。

张说怎么解决桥身容易被冲毁的难题，修造这座横跨黄河的浮桥呢？唯一的办法就是加固桥身。

他下令铸造了八只大铁牛，分别蹲在黄河两岸，作为固定桥身的基础；再用又粗又长的铁链紧紧拉住桥身，整座浮桥就非常稳固了。

据说，当时他们为了铸造铁牛，竟用了几十万斤生铁。这八只铁牛是浮桥工程的一部分，也是精美的艺术品。因为它们是在开元年间铸造的，所以被称为"开元铁牛"，当地人都叫它们"镇河牛"。

在后来相当长的一段时间里，开元铁牛都发挥了重要的作用。想不到到了宋朝，有一次黄河发了大水，浮桥被冲断，八只大铁牛也被冲下水去……

黄河边上没了"镇河牛"怎么行？大家绞尽脑汁地去找牛。有个叫怀丙的和尚自告奋勇地说："交给我吧，我一定能找到铁牛！"

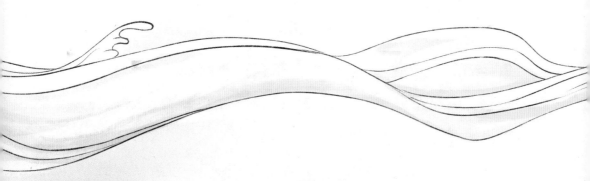

　　怀丙和尚驾着装满沙石的大船来到铁牛沉没的地方，派精通水性的人潜入水底，用绳子拴住铁牛，然后迅速把船上的沙石铲出去。沙石越来越少，船身越来越高，铁牛就依靠船的浮力慢慢地被拖了起来。围观的人无不拍手称赞！

　　现在看来，这是一个简单的物理学原理，古人很聪明，运用它解决了一个实际问题。

　　那一次打捞结束后，过了很久很久，铁牛又被黄河吞没了，再也不见踪影。

　　有人说："跑得了和尚跑不了庙，铁牛跑了，渡口还在呀！我们在渡口的两边挖掘、寻找，不就能找到它们吗？"

唉，事情没有那么简单。因为黄河从峡谷进入平坦的地方，河道会来回摆动，现在的河身早已离开了原来的位置。

随着科技的进步，人们经过仔细考察，终于在1991年确定了古河床和古渡口的位置。在考古学家的指导下，人们在黄河东岸挖出了四只铁牛和一些铁人，西岸的铁牛暂时还没有找到。

地理知识我知道

蒲津浮桥

蒲津渡口的浮桥有着非常古老的历史，作用也很大，相当于现在的黄河大桥。

据说，早在春秋时期，秦国有一个公子因在国内没法安身，便带上全部家财逃亡。秦国西边是蛮荒之地，他只能去往东方各国，而到东方去就得渡过黄河。于是，这个公子派人征用无数小船，再用竹索串联，在蒲津渡口架起了第一座临时性的浮桥。

战国时期的秦昭襄王、汉高祖刘邦、东汉末年的曹操，以及北齐、西魏、隋朝、唐朝等朝代的朝廷，都曾经下令在这里修建浮桥。古代文献记载道："蒲津桥，后魏迄唐初，皆横亘（gèn）百丈，连舰千艘。"一个叫圆仁的僧人走过蒲津浮桥后，写道："浮船造桥，阔二百步许。"从这些描述中，可见当时蒲津浮桥的壮观。

今蒲州镇鹳雀楼

三十年河东，
三十年河西

　　黄河在蒲州一带的这段河床，变化无常，时常东西摇摆。一会儿淹没了黄河西岸，殃及陕西那边的朝邑县；一会儿又漫过黄河东岸，直抵山西这边的蒲州城，让人伤透了脑筋。

　　蒲州古城离黄河很近，自古以来就经常受到黄河的威胁。据记载，有一年黄河泛滥，淹没了城郊的村庄，冲击蒲州的城墙，并绕城而流。蒲州城被水流环绕，成了位于黄河中央的一座城，于是又被叫作"河中府"。

　　如果只是暂时将田地淹没，没有造成重大的人员伤亡和财产损失，也还不要紧，洪水退后只不过留下一些淤泥，河道还在原来的地方，河东还是河东，河西还是河西。麻烦的是，黄河这么一打滚儿，河道也跟着移动了，黄河两岸的位置也随之发生了变化。比如某某村原

黄河改道示意图

来在黄河东岸，洪水过后，河道移动了，这个村子的人出门一看："哎呀，我们村现在在黄河西岸呢！"

人们常说一句话："三十年河东，三十年河西。"比喻世事处在不断变化的过程中，没有定数。据说，这句俗语就是由黄河频繁改道这件事衍生而来的。

这可不是我随便说说的，而是有详细的历史记载，让我们来看一段：

在蒲州城和朝邑县之间，有一个蒲津关，后来改名叫大庆关，有着十分重要的地位。大庆关正处在黄河河道频繁摆动的一段，因此出现了有时在河东、有时在河西的神奇现象。

明朝隆庆三年（公元1569年），黄河泛滥，直逼朝邑县东门，这时大庆关的东边是蒲州城，西边是朝邑县，关口所在地就是河东。第二年，黄河突然向东泛滥，河道移到了蒲州府城西门，大庆关所在地便变成了河西。可是没过多久，黄河又忽然转向，在大庆关与朝邑县城之间穿过，大庆关所在地又变成了河东。

两年之间，大庆关竟然两次变换了河东、河西的位置，你说神奇不神奇？

从这以后，黄河河道仍在不断摆动，以至于到了今天，大庆关早就被反复改道的黄河冲得无影无踪了。

为什么黄河在这里会出现河道来回摆动的现象呢？其实，这里面隐藏着水流动力学的秘密。

我在前面说过，黄河流出晋陕大峡谷后，河床一下子放宽了，有些地方简直是一马平川，河床甚至有几千米宽，河身没有大的约束，自然就能随意摆动。同时，过了这段地区，河道重新受到山脉的阻隔，转向东流，形成了一个狭窄的口子。如果某年上游的水量变大，黄河水无法及时从这个口子中排出去，就会在龙门以下至蒲州附近的平坦地区泛滥，河道不断摇摆，造成"三十年河东，三十年河西"的现象。

说了这么多，你现在了解"三十年河东，三十年河西"的地理成因了吗？

铁打的潼关

　　黄河出了禹门口，一路向前流去，没过多久就来到了一个大名鼎鼎的地方——潼（tóng）关*。

　　《水经注》是这么记载的：

（河水）又南至华阴潼关，渭水从西来注之。

　　潼关，这座中国历史上最著名的关口之一，赫然出现在我们眼前。这个位于陕西省东部，隔着黄河和风陵渡对峙的雄关，由于地势险要，历来都是战略要地。

　　你知道"潼关"这个名字是怎么来的吗？当然和黄河有关系了！

　　郦道元在《水经注》中说：

河在关内南流，潼激关山，因谓之潼关。（chōng）

---

* "潼"今在"潼关"一名中读作tóng，在古代又通"冲"，故下文《水经注》原文中注作chōng。

"潼激"就是冲击的意思，是说黄河向南流，在潼关一带，河水猛烈地冲击着山脉，所以取名"潼关"，或者干脆叫"冲关"。

潼关是一个大铁锁。你看地图就可以发现，它雄踞陕西、山西、河南三省交界处；它的背后是富庶的关中平原和古都长安，南面是高不可攀的秦岭，北面是波涛滚滚的黄河。它像一把特制的大锁，锁住了进出关中平原的大路。

从春秋战国时期的秦国开始，朝廷就非常注意这里的防守。如果说，函谷关是八百里秦川的第一道门，那潼关就是第二道门。有了这样的"双保险"，天子就可以安安稳稳地住在长安城里，不用担惊受怕；老百姓也可以安居乐业，过着太平生活了。

为了说明潼关的重要性，我讲一个历史上发生的真实事件：

唐玄宗天宝年间，范阳节度使安禄山起兵叛乱，史称"安史之乱"。叛军一路势如破竹，很快占据了洛阳，并继续往西前进，要攻打潼关。唐玄宗派老将哥舒翰应敌，两军在潼关对峙。本来，哥舒翰想凭借险要的地势坚守潼关，可唐玄宗听信奸臣的谗言，让哥舒翰出关作战。

唐玄宗画像

哥舒翰上书唐玄宗说："官军凭借险要的地形对抗敌人，最有利的方式就是坚守，不能贪求快速击退敌人。"唐玄宗不听，执意让他出兵。哥舒翰无奈，只好率领军队出关，结果大败，潼关也失守了。唐玄宗在长安听说潼关失守的消息，马上收拾东西就逃走了。他为什么要逃走呢？因为潼关一失，通往长安的路上就再也没有阻挡，叛军长驱直入，很快就会攻入长安。

关于潼关的地理形势，《水经注》是这样描述的：

河水自潼关东北流，水侧有长坂，谓之黄巷坂。坂傍绝涧，陟此坂以升潼关，所谓溯黄巷以济潼矣。

明人绘《安禄山反叛兵戈举》

如果有人从东边过来，想要到达潼关，必须经过河边一条叫"黄巷坂"的窄路，黄巷坂边上就是深深的河谷，从黄巷坂向上是一段高高的黄土塬，峭壁上只有一条几米宽的小道，地形非常凶险。登上峭壁后，还有一条被雨水冲刷而成的深沟，被称作"禁沟"。这里是通往潼关最后的军事要道，穿过这里，便能直达关中平原。

从唐朝到明朝，人们不断在这里筑城防守，沿着沟谷修筑起十二座防御用的方形土台，被称作"十二连城"。土台配合着城堡，简直是铁打的防线。如果唐玄宗听从哥舒翰的建议，哪会丢了长安呢？

潼关对面是风陵渡，在历史上也很出名。《水经注》中对风陵渡也有介绍：

关之直北，隔河有层阜，巍然独秀，孤峙河阳，世谓之风陵。

风陵渡在潼关的对岸，地势也非常险要，自古以来就是黄河上南北征战、东西交通的咽喉。俗语云："鸡鸣一声听三省（山西、陕西、河南）。"说的就是风陵渡这个地方。

地理知识我知道

三座潼关

作为一座重要的关城，潼关的位置并不是一成不变的，它随着周围地理事物、地理环境的变化而变化。我们现在所说的潼关有三座，从北向南分别是唐潼关、汉潼关和隋潼关。

汉潼关建于东汉末年，由曹操派人设置，目的是预防关西兵乱。那时的潼关就建在狭窄的"五里暗门"之上的黄土塬上，易守难攻，特别容易设埋伏。

到了隋朝，由于水流日积月累的冲刷，在汉潼关南面几里的地方侵蚀出了一条新的道路。隋朝为了控制这条新出现的路，就在这里修建了关城，后人称其为隋潼关。

到了唐朝，这里的地貌又发生了新的变化。在水流侵蚀的作用下，黄河河道不断下切，导致之前的河床裸露出来。这下好了，人们可以直接经河床穿过高耸的黄土塬，通往潼关后面了。于是，唐朝在塬下的黄河南岸建立了新的潼关，后世称其为唐潼关。

今天，关隘的重要性已经远不如古代，潼关古城也成为历史遗迹和旅游地点。不过，我们从那些历史遗迹和史书记载中，仍然能体会到这座关城曾经的雄壮与威武。

关中平原的面食文化

铁锁潼关背后就是富饶的关中平原，那里不仅有历史悠久的古都西安，更有无数"舌尖上的美味"。其中，陕西的面食是最有名的，不仅味道好，而且种类很多，且不说有名的馍馍、锅盔、石子馍，只说面条，叫得上名字的就有50多种，有臊（sào）子面、扯面、油泼面、罐罐面……有一首民谣最能反映当地人对面食的喜爱："八百里秦川尘土飞扬，三千万秦人齐吼秦腔，端一碗扯面喜气洋洋，没放辣子嘟嘟囔囔。"

关中平原的面食文化源远流长，传说早在上古时期，这里的先民就在种植小麦了。20世纪60年代，考古工作者在渭北栎阳遗址发现了战国时期的石磨，从而证明了陕西关中地区的人们最迟在战国时期就开始享用面粉制作的食物了！

我在讲山西时说过："一方水土养一方人。"陕西如此丰富的面食当然也和当地的自然环境有关系。

关中平原属于温带季风性气候，风调雨顺，渭河从这里流过，提供了丰富的灌溉资源，有肥沃的土地、适宜的气候和充足的水源，当然就会长出优质的小麦了！

你没想到吧，一道道香喷喷的面食，居然有几千年的历史底蕴，传承着沉甸甸的中华饮食文化。

打不完的 "泥沙官司"

潼关附近，还有一条非常重要的黄河支流——渭水（我们现在称它为渭河）。在讲潼关时，我引用过《水经注》的这句话：

（河水）又南至华阴潼关，渭水从西来注之。

你看，郦道元写得明明白白：渭水从西往东流，在潼关附近汇入黄河。他十分重视渭水，写《水经注》时，除了在介绍黄河的《河水》卷中提到渭水以外，还单独设了几卷《渭水》，专门记录渭水流域的一些情况。那我在这里也说一说渭水！

上文中我提到，潼关背后是富饶的关中平原，从西边的宝鸡到东边的潼关，大约有300公里。这里地势平坦，土壤肥沃，自古以来农耕发达，孕育了古都西安等名城，春秋战国时期的秦国就是在这里发展壮大的，因此关中平原也号称"八百里秦川"。

泾水、渭水和黄河示意图

问题来了：关中平原那些能长出好庄稼的肥沃土壤是从哪儿来的？这就和渭水有关系了。

关中平原是一个典型的冲积平原，正是由渭水及其支流从黄土高原上挟带泥沙流来，日积月累地冲积，再加上黄土的堆积作用形成的，因此关中平原也叫"渭河平原"。

原来如此！读到这里，相信你能理解郦道元为什么如此重视渭水了。

渭水发源于甘肃省渭源县鸟鼠山，流入陕西后，在潼关附近注入黄河。它可是黄河的第一大支流，全长800多公里。

渭水一路向东流，经过宝鸡、咸阳、西安等陕西省重要城市。

宝鸡是我国重要的交通枢纽和工业重镇，陇海铁路、宝成铁路、宝中铁路在这里交会，形成一个"十"字形。宝鸡古时候叫陈仓，唐代中期因为附近的鸡峰山出现"石鸡啼鸣"的吉兆，所以才改名为宝鸡。

咸阳是我国的历史文化名城，战国时期秦国的都城所在地。它位于九嵕（zōng）山之南、渭水之北。古时候，人们把山之南和水之北称为"阳"，而这里不管是参照山的位置还是水的位置，都属于"阳"，所以才叫这个名字。

西安是陕西省第一大城市，也是古都长安的所在地。它在渭河之南、秦岭以北。刘邦在这里定都的时候，取"长治久安"的意思，将这里命名

刘邦画像

为"长安"。你要知道，西汉、东汉、西晋、前秦、北周、隋、唐等多个朝代都曾在此定都，可见它的地理位置之重要。

说完了渭水流经的主要城市，我再说一说泾水（我们现在称它为泾河）。泾水也是一条大河，渭水是黄河的第一大支流，它则是渭水的第一大支流。

泾水发源于宁夏回族自治区，在西安境内汇入渭

水,全长400多公里。

我为什么要说泾水呢？一是因为它是黄河的二级支流,地位比较重要；二是因为它与渭水这个老大哥有着一场说不尽的"泥沙官司"。

要知道它们之间有什么"官司",先学一个成语——"泾渭分明"。根据成语词典的解释,这个成语是指泾水、渭水一清一浊,两条河交汇时界限非常明显,比喻两者明显不同,多指是非好坏分明。

"官司"就是从这里打起来的：泾水、渭水,到底谁是清的,谁是浊的？

最初,人们皱着眉毛说："泾水清,渭水浊。"因为《诗经》中有"泾以渭浊"的诗句,意思是泾水因渭水的注入而变得浑浊了。

泾水一听高兴了,笑嘻嘻地说："瞧,我是清亮亮的吧？哪像渭水那样,一河黄汤汤！"

我们如果深入地分析这背后的地理原因,也能得出相同的结论。因为渭水含的泥沙多,泾水含的泥沙少,所以渭水浑浊、泾水清澈。两者在交汇处形成了一条非常明显的界限,呈现出两条河同流一条河道,但一边清、一边浊的现象，好像同一条河被分成了左右两半。

时间一年年过去了，泾水得意扬扬，老是压着渭水出风头。渭水还感到委屈呢，它老想跟泾水"打官司"，好好说一说谁清谁浊！

到了汉代，事情就起变化了。有人认为是渭水清、泾水浊。不信，请听当时的民歌："泾水一石（dàn），其泥数斗。"意思是泾水里的泥沙太多了，一石水里有好几斗泥，如此能不浑浊吗？到了唐朝，证据就更多了，杜甫有"浊泾清渭何当分""旅泊穷清渭，长吟望浊泾"等诗句，多次提到渭水清、泾水浊。宋代也有和唐代类似的记载。这下，渭水不再感到委屈了，还高高兴兴地对泾水说："这场'官司'是不是我打赢了？"

然而，清代乾隆年间，皇帝派陕西巡抚对泾水、渭水进行了一次比较详细的考察，又得出了"泾清渭浊"的结论。如此一来，这场"官司"又来了一个大反转，一切回到原点了。

听到这一结论，渭水一下子泄了气，再也高兴不起来了……亲爱的小读者，这到底是怎么回事呢？让我们一起去断一断这场"官司"吧！

"泾渭分明"的秘密

原来，从古到今，泾水和渭水的含沙量、清浊程度都在不断发生改变，"泾渭分明"的现象也有不同的解释。

到了现代，人们才对这一现象有了更科学的了解。现在，"泾渭分明"的现象虽然还存在，但已经不太明显了，而且呈现出季节性的变化：一年的大部分时间里，泾水比较清，渭水比较浊；但在7—9月的时候，也常常会出现泾水、渭水都比较浑浊的情况。出现这种现象主要有以下几个原因：

首先，是泾水、渭水两个流域的植被被破坏并出现水土流失。古代渭水流域的人口越来越多，开发强度不断提高，人们在上游地区大规模开荒，砍伐树木，导致水土流失现象日益严重，渭水的含沙量越来越大，也就变得越来越浑浊了；泾水流域的人口密度和开发强度不如渭水流域，所以水质相对较好，但也不可避免地受到人类活动影响，含沙量日益增大，让它在"泥沙官司"中"有苦说不出"。

其次，一般来说，泾水平常水量不大，也比较清澈，但在夏天降水充沛的日子，水量暴涨，洪水从上游带来大量泥沙，让泾水的含沙量大增，一跃成为渭水最主要的来沙河流，当然就会在夏天出现泾水、渭水都浑浊的现象。

最后，还有两条河的长度和落差不同、河床底部的堆积物有差异等原因，都有可能导致"泾渭分明"的现象出现。

所以，咱们要去断这场"泥沙官司"，可真是不容易啊！

其实，"泾渭分明"的现象在黄河上游洮河与黄河交汇处、黄河下游入海口等地都出现过。在这一现象背后，我们要格外关注河流周边的植被状况、水土流失情况、河流受污染的程度等。希望通过人们的努力，让河流都变得清澈起来。

洮河（左）与黄河交汇处

千年函谷关

打开地图我们就会发现，黄河在潼关和风陵渡之间拐了一个大弯，从向南流转到向东流了，形成了黄河"几"字形轨迹右下方的那一"弯"。

黄河为什么要在这里拐弯呢？当然是受地形的控制和影响了。

黄河一路南下，从晋陕大峡谷流出来后，虽然终于脱离了大峡谷的限制，但是被东边的吕梁山阻挡着，不得不继续向南流。而在南下的过程中，它又受到秦岭的阻挡，不得不又拐了个弯，往东穿过豫西丘陵，朝东方流去了。

《水经注》中说：

（河水）历北出东崤，通谓之函谷关也。

哎呀，前面就是函谷关了！我们之前经过的潼关、风陵渡，都是地势险要的地方，而函谷关更是不遑多让！它在古代历史中，一直有非常重要的地位。

可以简单地这么描述：在铁锁潼关外面还有一道关，牢牢地把守着通往长安的大道，它就是函谷关。潼关加上函谷关，给长安的安全上了"双保险"。古代敌人从东面来，如果不通过这两个关口，就别想进长安。

明人绘关中图，可见潼关、函谷关。

战国时期，秦国为了向东发展，夺取了一片"崤函之地"，在那里设置了进出都城咸阳的一个重要关口。因为关口所在的峡谷"深险如函"，所以被人们称为"函谷关"。

"函"是什么意思？它在古书中有匣子、套子的意思，也引申为进入、容纳。

函谷关的南面接着秦岭，北面临着黄河，牢牢地锁住了进出关中平原的咽喉。郦道元这样描述这一带的地理环境：

遂岸天高，空谷幽深，涧道之峡，车不方轨，
号曰天险。

可见这里是一连串幽深的峡谷，两侧都是陡峭的崖
壁，一条非常狭窄的古道穿行其中，最窄的地方仅能容
下一辆牛车或者马车通过，是名副其实的"单行道"。
人马一旦被困在里面，可以说插翅难飞。所以，郦道
元在书中还引用别人的话说："请以一丸泥，东封函谷
关。"意思是只需要用一个泥团，就能封锁这个关口。

自古以来，这里发生过许多激烈的战斗。战国时
期，楚、赵、魏等五国联军进攻秦国，在这里被打得
"伏尸百万，流血漂橹"，大败而归。楚汉争霸时，刘
邦也曾派兵在此守关，阻挡项羽的军队。后来的战争就
更多了，说也说不完，怪不得有人感叹道："双峰高耸
大河旁，自古函谷一战场。"

因为地理形势的变化，函谷关并非只有一个：秦
朝时期，函谷关位于今河南灵宝市东北王垛村；到了汉
代，函谷关就向东移了数百里，到了今河南新安县东。
再到后来，随着历史的变迁，函谷关逐渐被废弃，隐藏
在浩如烟海的史书中。

黄河边的故事

"紫气东来"与"鸡鸣狗盗"

关于函谷关,《水经注》中提到了两个典故,一个是"昔老子西入关,尹喜望气于此也",另一个是"(孟尝君)亦义动鸡鸣于其下"。这两个典故到底是怎么来的?请听我细细讲来。

先说说老子和函谷关的故事。

话说春秋时期,老子在周天子的都城做守藏室的史官,也就是管理图书的小官。他看到周王室越来越衰败,非常失望,决定远离世间的纷扰,云游四方。

于是,老子跨上青牛,一路往西,慢腾腾地朝函谷关走去。

这天晚上,把守函谷关的关令尹喜站在城楼上观察天象,看到一团形状像龙的紫气从东方飘来,自言自语道:"这是有圣人将要到来的景象啊!"

第二天,尹喜早早地起来,派人清扫街道,到关前迎接圣人。不久,果然有一个身穿长袍、须发飘飘的老者骑着青牛从东方慢慢过来。

尹喜连忙迎上去，问道："老先生，您这是要去哪里啊？"

老子用手指了指西方，尹喜一下子便明白了。他知道老子是个有学问的人，便恭敬地请老子到他的官舍，说："先生要归隐了，我担心以后再也没人能学到您的智慧，请把您的学问写成书保存下来吧！"

老子画像

老子答应了尹喜的请求，写成了《道德经》。之后，他便骑着青牛，跨越函谷关，飘然而去……

古时候没有先进的通信条件，尹喜怎么知道老子会来呢？

那就是书中所说的"尹喜望气于此也"，由此还诞生了一个成语——"紫气东来"，用来比喻吉祥的征兆。

再说说孟尝君和函谷关的故事。

孟尝君是战国时期齐国的贵族，"战国四公子"之一，家中养了很多门客。有一年，孟尝君带着一些门客出使秦国，却被秦王关了起来。

孟尝君派人向秦王最宠爱的一个妃子求情，请她在秦王面前帮自己说好话。

妃子说："我很想要一件白狐皮大衣，如果公子能送给我一件，我就答应帮他求情。"

孟尝君一听，傻眼了。为什么？因为他这次出使秦国的确带了一件白狐皮大衣，但是已经把它献给秦王了。就在他急得团团转的时候，一个门客说："我有办法！"

当天晚上，那个门客钻狗洞潜入秦王的宫殿，偷回白狐皮大衣，悄悄地把它送给了妃子。

妃子心花怒放，果然在秦王面前帮孟尝君说好话。秦王也命人放了他们。

因为怕秦王反悔，孟尝君和门客一获得自由就赶紧往外跑，想尽快离开秦国。他们走了一夜，来到函谷关前。出了函谷关，秦军就追不上了。而此刻天还没亮，按照秦国的规定，"鸡鸣开关，日落闭关"，也就是说必须在公鸡叫之后才能开门。

在这紧急时刻，另一个门客站了出来。"喔喔喔——"他模仿了几声鸡叫，引得附近村中的鸡都叫了起来。守关的士兵误以为天亮了，于是开门让孟尝君他们通过。就这样，孟尝君一行化险为夷，顺利地离开了秦国。

清人绘《孟尝君偷过函谷关》

这个故事演变为一个成语——"鸡鸣狗盗"，指能学鸡打鸣、学狗偷盗，比喻卑微的技能。

亲爱的小读者，与函谷关有关的历史故事丰富多彩，你可以试着去了解更多哦！

水中有铜人

　　黄河从函谷关附近穿过，一路向东，来到一个叫"陕县"的地方。

　　请别小看这个地方。公元前11世纪，周武王灭商以后，分封了许多诸侯国，其中的焦国和虢（guó）国就在这里。周武王死后，他的两个弟弟周公、召公，协助年幼的成王管理天下。陕这个地方以东由周公管理，以西由召公管理。也就是说，这里是西周初期两大统治区域的分界线。

　　此处紧挨着函谷关，山高水急，地势险要，也是一个军事要地。《水经注》记载：

　　　城南倚山原，北临黄河，悬水百余
仞，临之者咸悚惕焉。
　　　　　　　　sǒng tì

110

中流砥柱

　　"悬水"在《水经注》中出现过多次，指的是瀑布。
郦道元还用过其他词汇表示瀑布，比如"悬洪""飞
水""悬流""飞清"等，都非常形象。

　　这儿的河岸那么高，人站在岸边不禁心惊胆战。如果
是有恐高症的人，准会被吓掉魂儿。

　　郦道元在这里讲了一个有趣的故事。

　　水涌起方数十丈，有物居水中，父老云：铜翁
仲所没处。……或云：翁仲头髻常出，水之涨减，
恒与水齐。

　　大意是：黄河水流到这里，高高涌起，似乎有什么
东西在水下，当地的老百姓说这里是从前被人们抛弃的
"铜翁仲"沉没的地方……翁仲站在水里，岸上的人时
不时能瞧见它头顶的发髻，以此来判断水势的高低。

　　"翁仲"是什么？就是古代一些帝王将相墓道两

边排列成行的巨大雕像，有的用石头刻成，有的用铜铸成。翁仲通常出现在陆地上，黄河里竟然也有这种大铜人？这可真是稀奇！

关于翁仲的诞生，有千奇百怪的故事。

传说秦始皇刚刚统一天下的时候，在临洮（在今天甘肃境内）一带发现了十二个巨人，巨人的身子有五丈高，留下的脚印足有六尺长。人们觉得很神奇，便比着他们的样子，铸了十二尊铜像，放在皇宫门口，用来震慑妖魔鬼怪。

另有一个说法：秦朝有个名叫阮翁仲的人，身强力壮，高一丈三尺，是个"小巨人"，秦始皇曾派他出征匈奴。他死后，秦始皇就派人比照他的身形塑了一座雕像，立在宫门外，既显示威仪，也保卫皇宫。

还有一个说法：秦始皇兼并六国统一天下后，收缴了六国所有的武器，把它们融化了，铸成十二个大铜人。秦朝灭亡后，这些铜人还在哩。

⋯⋯⋯⋯⋯

有关翁仲最后去哪儿了，也是众说纷纭。《水经注》中记载如下：

据说，王莽当上皇帝后，有一天忽然做了一个梦，梦见铜人在他的面前哭。他觉得这是一件很不吉利的事情。铜人的胸口上刻着秦始皇统一天下的铭文，王莽便下令把这些文字全部抹掉。

到了东汉末年，董卓掌权，他瞧见宫门外面立着十二个大铜人，顿时起了邪念。那时候人们用的是铜钱，而这么大的铜人在董卓眼里可都是钱呀！他立刻命人毁了其中的九个铜人，用来铸钱。这下，十二个铜人只剩三个了。

后来，曹操的孙子当上了皇帝，想把这三个铜人搬到洛阳去。可是铜人太重，人们刚把它们运出城，移到霸水边上，就再也搬不动了。有人说，不是搬不动，而是这些铜人哭了，不想走。最终，它们被留了下来。

十六国时期，后赵的皇帝石虎不知道用了什么办法，居然把这几个大铜人搬到他的京城邺都（在今河北省临漳县境内）。后来，前秦的皇帝苻坚又千里迢迢地把它们搬回长安。他左看右看，干脆又毁了两个，也做成了铜钱。这下，十二个铜人只剩一个了。

传说最后那一个在运输途中，被愤怒的老百姓推入"陕北河中"，也就成了前文中那个神秘的水中铜人。

巨大的翁仲，有着说不完的故事。《水经注》把这些故事一一记录下来，信不信就由你了。

"假途灭虢" 的故事

黄河接着往前流，来到了虞（yú）原。《水经注》说，在这里：

河水又东，沙涧水注之。水北出虞山，东南迳傅岩，历傅说隐室前，俗名之为圣人窟。

这里的"傅岩"和"圣人窟"都跟商朝著名的政治家傅说有关。

传说，傅说早年隐居在傅岩一带，非常贫穷，穿着粗布麻衣，靠为人筑墙填饱肚子。后来，商王武丁在梦中遇见了一位圣人，立刻派人照着圣人的样子四处寻找，最后在傅岩找到了傅说。武丁与傅说一见如故，将他任命为重臣，帮助自己治理国家，使商朝得以振兴，傅说隐居的地方便被称作"圣人窟"。

紧挨着圣人窟的地方叫虞原，是春秋时期虞国（在今山西平陆北）的地盘。

郦道元在这里引用古籍的记载，讲了一个著名的历史故事。

春秋时期，晋国国君晋献公是一个野心家，吞并了周围的许多小国，不断扩大地盘。他早就看中了附近的虢（guó）国，想要吞并它。可是中间还隔着一个虞国，晋国的军队要想去打仗，不经过虞国的话，就得绕很远的路。

假途灭虢示意图

但是问题来了：一个强大国家的军队，出现在另一个国家里，这对后者来说是一个多么大的危险呀！虞国怎么可能答应让晋国的军队通过呢？更何况，虞国和虢国当时还有联盟关系。

大臣荀息出了一个主意，他让晋献公向虞国国君送上宝马、美玉等重礼，跟虞国国君借道讨伐虢国，等灭了虢国，再回头攻打虞国。

听了这个计策，晋献公有点儿犹豫，他不仅舍不得这些珍宝，还担心虞国国君收了礼物也不肯借路。

荀息笑着说："国君请放心，虞国国君十分贪财，您送上大礼，他肯定会同意的。您送去的美玉、宝马，不过是暂时存放在他那里而已，最后还不是会回到您手里吗？"

晋献公一听，点头同意了。

虞国国君早就听说晋国有美玉和宝马，想不到会落到自己的手上。他看着晋国送来的礼物，高兴得不知说什么才好，便答应给晋国的军队让路。

虞国的大臣宫之奇连忙劝他说："虢国是虞国的邻居，我们要相互依靠才能生存。虞、虢两国就像一个人的牙齿和嘴唇，虢国灭亡了，虞国也没法生存。'辅车相依，唇亡齿寒'就是这个道理！"

贪婪的虞国国君根本不听他的话，下令开放边界，让晋军过境。

事情的发展你一定能想到：晋国军队先是消灭了虢国，在得胜回国的途中又轻而易举地灭了虞国；那些美玉、宝马，一个不落地回到晋献公手里，连虞国国君也做了俘虏。

清人绘《智荀息假途灭虢》，描绘晋献公灭亡虢国后，看着自己早先送给虞公的宝马大发感慨的场景。

这就是流传两千多年的"假（借）途灭虢"的故事。"假途灭虢"现在是一个成语，指以向对方借路为名，实际上是要消灭对方。这一策略也是"三十六计"之一。

中流砥柱

　　我们跟着郦道元继续沿着黄河前进，黄河流过虞原后，"又东过砥（dǐ）柱间"。

　　郦道元在《水经注》中说：

> 砥柱，山名也。昔禹治洪水，山陵当水者凿之，故破山以通河。河水分流，包山而过，山见水中若柱然，故曰砥柱也。三穿既决，水流疏分，指状表目，亦谓之三门矣。

　　黄河流到此处，由于河心有两座石岛，河水绕着它们流过，在这里形成了三道门。这三道门由南到北分别叫"鬼门（天门）""神门（地门）"和"人门"。鬼门水流湍急，神门狭窄，船只很难通过；只有人门的水势缓和些，船只可以冒险穿过。这就是大名鼎鼎的黄河三门峡。

　　有的小读者问："穿过这凶险无比的三道门之后，就

清人绘三门峡及砥柱示意图（南方为上）

安全了吗？"

哪有这么容易！想不到三道门的前面，还屹立着一块巨大的石柱，活像拦路虎，使人不敢松气。

按照《水经注》的记载，它是大禹治水时劈山形成的。人们根据大禹治水凿龙门、开砥柱的说法，把河心的大石柱叫作"砥柱"，也叫"砥柱山"。

这座高大的砥柱，是由坚硬的闪长斑岩组成的，有很强的抵抗水流冲蚀的能力。冬季黄河水浅的时候，它会露出水面数米高；夏季发洪水时，它只露出一个尖顶，看上去就像被洪水吞没了似的。但任凭黄河激流如何冲击，它从来不会动摇。成语"中流砥柱"就是从这儿来的，比喻在危难环境中起巨大作用的中坚力量和英雄人物。

壮观的三门峡当然不是一朝一夕形成的，它的出现经历了漫长的地质过程。

　　黄河从潼关一路向东，地势逐渐降低，水流汇集在今天的三门峡市附近，又受到大山的阻挡，不断冲击着山脉的薄弱处，日积月累，终于在这里冲出了三个口子，继续向东奔去。

　　这里的水流能把山冲开，可想而知它有多么湍急，所以郦道元也说，砥柱之下的河道"水流迅急，势同三峡，破害舟船"。

　　在古代，这里的激流让走河运的人犯了难。历朝历代都在想办法改善这里的河道状况，《水经注》记载了好几次，其中一次是：

　　汉鸿嘉四年，杨焉言：从河上下，患砥柱隘，可镌广之。上乃令焉镌之，裁没水中，不

能复去，而令水益湍怒，害甚平日。

大意是：汉鸿嘉四年（公元前17年），大臣杨焉建议："从黄河上行或下行，都苦于砥柱一带太狭窄，需要把它凿宽。"汉成帝让杨焉负责开凿砥柱，但刚凿到水面以下，就凿不下去了，水流反而更加湍急凶猛。

此外还有曹魏时期，景初二年（公元238年），魏明帝派朝廷大员率领5000余人常年治理砥柱，清除河道中的沙石；西晋时，皇帝也曾派遣数千名工匠去治理河中的险滩。

虽然世世代代都在治理，但这里还是险滩密布、波涛汹涌。船到了这里，人们都提心吊胆的，谁也不敢保证一定不出问题。

但我想你应该注意到了，河水在这里肆无忌惮地冲击，和黄河上游的龙羊峡一带很相似，是不是也说明它蕴藏着巨大的能量，正好可以修建一座水电站呢？

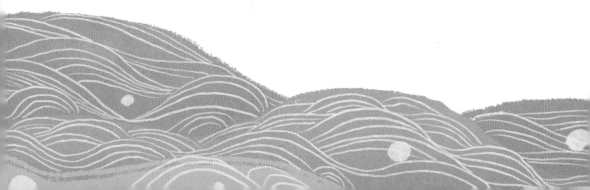

你的判断没错！新中国成立后，国家决定在这里建一座水利枢纽。它于1957年开始动工，1961年投入运营，就是宏伟的三门峡水利枢纽工程。它既能发电，又能防洪，造福于人间，被誉为"万里黄河第一坝"。

还有一个小插曲。在三门峡水利枢纽工程建成前后，一些人认为，大坝挡住了水流，也挡住了从上游冲下来的泥沙。这样日复一日，泥沙越积越多，就会使水库变成一个"沙库"，失去拦闸蓄水的作用，说不定很快就会出问题。

怎么办？这可难不倒英雄的中国人民！工人们在水利学家的指导下，凿了两条排沙的隧洞，打开坝底的几个底孔，想方设法增加它的排沙量。人们还摸索出一套"蓄清排浑"的办法，就是在河水含沙量小的枯水期关闭闸门，蓄水发电；在河水含沙量大的丰水期，则开闸冲沙。

解决了排沙这个难题，三门峡水利枢纽工程才能更好地为人民服务。

在三门峡水利枢纽工程以东约130公里，还有一个比它更大、更新的小浪底水利枢纽工程，它建成于2001年底，是我国治理黄河的关键水利枢纽工程。

小浪底水利枢纽工程在三门峡下游，它位于黄河中

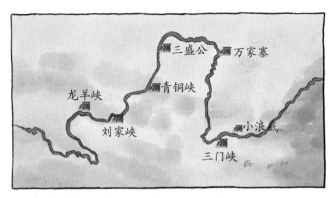

黄河主要水利枢纽工程示意图

游最后一段峡谷的出口处，黄河从这里再往下流，就进入华北平原了，这也意味着再也没有一个地方可以修建大规模的水利枢纽工程了。它的建成不仅能够有效地控制黄河洪水，还能拦截泥沙，减缓下游河床淤积抬高的速度。

你看，我们对黄河的利用是科学的、有效的，既充分考虑了地形地貌等客观因素，还兼顾防洪、发电、排沙、灌溉、减淤等多项功能，这些郦道元可都不知道哩。如果他知道了，准会很高兴！

三门峡水利枢纽工程

十三朝古都
——洛阳

　　我们跟着郦道元的脚步，又来到了黄河边的洛阳。洛阳和长安一样，都是我国古代重要的都城。

　　洛阳这个名字是怎么来的？当然与黄河的支流——洛水有关。古时候，洛阳在洛水北边，所以叫洛阳。不过，随着时代的变迁，现在洛阳的主城区已经移到了洛水南边，但它的名字一直没有变化。

　　《水经注》的前几卷对洛阳的记载不多，只提到"河水又东迳洛阳县北"。不过，这可不是郦道元不重视洛阳这个古都，别忘了，郦道元生活的时代发生过北魏孝文帝迁都洛阳这件大事，在他眼里，洛阳就和我们眼中的首都一样，有重要的地位，怎么可能不重视呢？

　　别着急，让我们继续往下读。原来，在《水经注》第十五、十六卷中，郦道元详细介绍了这一带的众多河流，包括洛水、伊水、涧水等，还有洛阳附近的穀水和甘水。其中一些并不是什么大江大河，但因为在洛阳附近，郦道元有充分的时间对这些河流进行实地考察，所以记载得特别详细。

打开地图，可知洛阳地处伊洛盆地，四周被崤山、邙（máng）山、熊耳山、嵩山等围绕。这里是一片由伊河、洛河等河流冲积形成的平原，所以也被称为伊洛河河谷平原。伊河和洛河在盆地的东北方交汇，合二为一，形成伊洛河，然后注入黄河。这里有得天独厚的地理条件，自古以来就被视为"天下之中"，是古人理想的建都之地。

　　《水经注》不仅详细记录了洛阳附近黄河及其支流的流向、脉络，还讲述了洛阳这座古城的历史，我们要停下脚步好好看一看。

　　洛阳，周公所营洛邑也。……其城方七百二十
丈，南系于洛水，北因于郏山，以为天下之凑。
（郏：jiá）

　　由这段话可知，洛阳原来叫洛邑，是周公建立的。这座城当时方圆七百二十丈，南面是洛水，北面是郏山（今天的邙山），是天下之"凑"。"凑"有聚集、中枢之义，意思是洛阳是当时天下的中心。

　　郦道元在这里说，洛阳是周公营建的，他的认识还不够全面。根据考古发现和文献记载，洛阳附近的偃师二里头遗址极有可能是夏王朝后期的都城。商朝曾定都西亳（bó），也在今天的洛阳一带。到了周代的周成王时期，周公开始辅政。为了方便管理东面的地方，周公开始

明人绘洛阳附近山川图

在洛水北岸营建洛邑。他还把在战争中俘获的很多商朝贵族迁到这里来，并派军队进驻，加强对居民的监督。洛邑建成后，成为西周的东都，和西都镐（hào）京（在今天的西安市长安区西北）遥相呼应。

周公画像

西周末年，战争、地震等对镐京的破坏很大，周平王即位后，第二年（公元前770年）便把国都迁到洛邑，开启了东周时代。战国时期，洛邑改称雒（luò）阳。《水经注》记载：

> 属光武中兴，宸居洛邑，逮于魏晋，咸两宅焉。

意思是光武帝刘秀建立东汉后，又定都于洛阳。"逮"就是到了的意思。到了三国时期的魏国以及西晋时期，洛阳一直是都城。之后，还有北魏、隋、唐、后梁、后唐、后晋在这里建都。以上朝代全部加起来有十三个，因此洛阳被誉为"十三朝古都"。

郦道元在讲述洛阳的历史时，还特别提到一个神奇的故事——"河图"的出现。

话说大禹治水时，到这里视察黄河，看见一个白面鱼身的人从水中出来，自称是河中的精灵，它给了大禹一个神奇的东西——"河图"*。

"河图"常常与"洛书"并列，被称为"河图洛书"。有学者认为，它其实是远古时代，劳动人民根据星象整理出来的有关季节、时间和方向的图案。传说，它就是后来《周易》的来源。

千百年来，河图洛书是否真的存在过？说法不一。它演变到现在，成了一个具有文化意义的概念，大部分人认为它诞生在河洛地区，这也说明这一地区是中华文

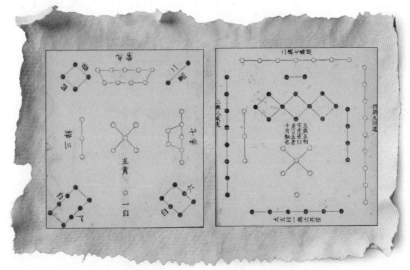

明人绘《河图数图》（左）和《洛书数图》（右）

---

* 另有传说是一匹龙马背负"河图"出现，一只神龟背驮"洛书"出现。出现的时代、地点虽然不一，但大多与黄河、洛河有关。

明的发祥地之一。

洛阳周边重要的河流中，除了我在前面提到的洛水、伊水和涧水，还有一条河，叫穀水（今也作谷水）。郦道元在《水经注》中专门介绍了它，写成了《穀水注》。

《穀水注》篇幅很长，内容非常丰富。这是因为穀水不仅流经北魏洛阳城，还在附近分出了一条渠，绕行都城一周，就像洛阳的护城河。郦道元在随朝廷迁到洛阳后，对周边的自然和人文景观进行了深入观察，全都记录在这篇注文中。

《穀水注》里记载的一座皇家园林——华林园，最值得一看。

华林园规模宏大，是我国北方园林艺术的代表。这里有用各种石头堆筑的景阳山，山上种着各种树木；还有人工修建的大湖——天渊池，池中有各种水上景观，人可以乘船游览园林。园中有层层叠叠的殿堂和无数珍奇的花草树木、鸟兽虫鱼，皇帝时常带领百官来这里宴饮游玩。这座园林是洛阳城内的一处胜迹，一直存续到北魏王朝灭亡。通过这座园林，你可以想象在郦道元生活的时代，洛阳城有多么繁华！

这么多朝代之所以定都洛阳，不仅是因为它在历史上非常有名，还与它便利的交通有很大的关系。

早在西周时期，洛阳就是中原地区通往关中平原的咽喉重镇，说它是当时的交通枢纽，一点儿也不错。在北魏之后的隋唐时期，这里还开凿了著名的大运河。

你知道吗？这条大运河并不是今天我们所说的京杭大运河。隋炀帝时期，朝廷以洛阳为中心，开辟了一条贯通南北的大运河，又经过历朝历代的整修，统称"隋唐大运河"。大运河联通四面八方，货物可以通过便捷的水运进出洛阳，使其成为名副其实的全国水运中心。

洛阳和长安一样，是古代丝绸之路的起点之一。从汉代开始，一批批商队从这里出发，沿着丝绸之路去往

明人绘《水程图》中的大运河风景（局部）

西域，将中原产的丝绸与瓷器带到世界各地。可以说，丝绸之路、隋唐大运河在洛阳交汇，十三个王朝的兴衰荣辱在洛阳上演。

　　在洛阳东面，黄河继续向东流去，来到郑州西北方的桃花峪，那里就是黄河中游和下游的分界点了。黄河走完了1200多公里的中游河段，进入下游的平原地区，继续它奔流入海的漫长旅程……

清人绘《黄河万里图》（局部）

地理知识我知道

我国七大古都

在我国几千年的历史上，曾经做过都城的城市很多，根据清代学者顾炎武的统计，从远古时期到元朝，做过首都、陪都的城市有40多座，这还不包括十六国、五代十国等一些割据政权的都城。

有的城市在作为都城时，所从属的政权疆域广大、国力强盛，因此它们是特别著名的"大古都"，比如唐代的长安（今西安）、元代的大都（今北京）等。有现代学者认为，现在的北京、南京、西安、洛阳、开封、杭州、安阳7座城市可以并列为中国"七大古都"。

爱思考的你可能会感到非常好奇："为什么这些城市会被选作都城？为什么有些朝代选择的都城位置不一样？"

其实，这与地理形势有着密切的关系。历朝历代在选择都城时，都会根据经济、军事、交通等方面的条件来考虑。经济条件要求都城附近是一片富饶的土地，能提供丰富的物资；军事条件要求都城所在的地方既能控制全域，又方便抵御外敌入侵；交通条件则要求都城能够快速联系各个地区，比如及时传达政令、加快人员和物资往来等。

想想看，我刚刚介绍的洛阳正处于"天下之中"，又靠近肥沃的平原，还有黄河这样便利的水运条件，是不是恰好满足上面的条件？怪不得洛阳会成为历史悠久的"十三朝古都"呢！

文明的摇篮

　　不知道你有没有发现，在黄河中游这段旅途中，我们听到的神话传说特别多。

　　这正是这一带人类活动频繁的体现。如果没有足够的人类活动，就不会诞生这么多的神话传说。

　　在考古学上，距今300万年到1万年左右的时间段，被称作"旧石器时代"。目前，我国境内发现的旧石器时代的遗址大约有2000处，近一半分布在黄河流域，而其中又以黄河中下游为多。

　　而到了距今8000年至3000年左右的新石器时代，黄河流域成了当时人类活动最频繁的地区之一。这里不仅迎来了农耕文明的曙光，还出现了很多古城或聚落。

　　让我们来看看这里最著名的几个文化遗址吧！

　　黄河边的渑（miǎn）池县有一个小村子，名叫仰韶村。渑池县在哪里？我们刚刚路过呀！它就在三门峡东边不远的地方，现在属于三门峡市。

黄河中游主要文化遗址示意图

1921年的秋天，有人在这里挖出了一些陶器碎片，上面还绘着许多花纹。

考古学家发现，这可不是一般的瓶瓶罐罐，而是了不起的古董呀！

那它们是什么朝代的器物？是清朝的吗，还是明朝、宋朝、唐朝的？

都不是！因为它们诞生的时代比上述朝代要久远得多。考古学家研究后发现，这些器物竟然都是在公元前5000年到公元前3000年诞生的，那可真是货真价实的"古董"了！

后来，我国考古学家在这儿持续发掘，挖出来的东西越来越多，种类也十分丰富。于是，人们给这片遗址所代表的文化取了一个名字，叫作"仰韶文化"。从那以后，小小的仰韶村便红火起来，名声传遍了世界。

这还没有完呢！考古学家继续考察，在黄河流域的河南、山西、陕西、河北、甘肃东部、宁夏和内蒙古南部等地都发现了类似的古文化遗址，多达上千处。

数千年前的仰韶文化的面貌，逐渐清晰起来了。当时生活在这些地方的人，使用碗、杯、盆、罐等多种日用器皿；有石刀、石斧、石箭等各式各样的石器。他们会种植粟、黍（shǔ）等谷物，还养了猪、狗等家畜。考古学家通过出土的文物判断，他们过的是集耕种、狩猎、采集于一体的原始生活，而且已经形成了村落。请特别注意仰韶文化的

一个特点——出土陶器上常常画着彩色的几何形图案或动物形花纹，所以也被人称为"彩陶文化"。

仰韶文化前后持续了约2000年，奠定了黄河流域农耕文明的基础。

在仰韶文化被发现后不久，黄河流域另一个重要的文化遗存也被发现了。

1928年，考古学家在山东省济南市历城县龙山镇的城子崖台地，发掘出了石器、骨器，还有一些带黑色光泽的陶片。这就是著名的城子崖遗址，考古学家将这种文化命名为"龙山文化"。

仰韶彩陶代表器皿

再后来，考古学家又在河南、陕西、河北等多地发现了龙山文化遗址，其中最有代表性的是在山西省临汾市发现的陶寺遗址。

临汾在哪？当然是在汾河边上。汾河从临汾流过，在晋陕大峡谷汇入黄河，因此，陶寺遗址也是黄河中游重要的文化遗存。

考古学家通过科学手段测定，陶寺遗址距今4000年左右。

与仰韶相比，这里不仅出土了更多与农业相关的器物，证明陶寺聚落的农业文明达到了更高的程度，还发现了许多大型夯（hāng）土建筑的遗址，是目前黄河流域发现的史前最大的古城遗址。在陶寺城址中，考古工作者发现当时的人按照不同的功能，把古城做了划分，有宫殿区、手工作坊区、墓葬区、仓储区等，这说明当时已经有了社会分工，是社会文明进一步向前发展的重要标志。

当然，还不止这些。你还记得我们经过洛阳时，我提到过曾经被夏朝当作国都的偃师二里头吗？它也大有文章哩！这里诞生了著名的"二里头文化"。与陶寺文化相比，它诞生的年代要晚一些。

二里头遗址分为四期，距今大约3800—3500年，相当于历史记载中夏、商之交的时期。与陶寺遗址相比，二里头遗址有更加完整的宫殿区和宫城，并且出现了明确的道路。那时生活在二里头的人很聪明，懂得线和面的结合，四条主干道垂直相交，形成"井"字形，这可是目前我国考古工作者发现的最早的城市道路网。

在二里头遗址，考古工作者还发现了许多青铜工具、玉器、绿松石器等，还有专门的铸铜作坊。看来，青铜器的制作在二里头已经比较成熟了。青铜器的价值可太大了，它的出现和普及标志着人类社会从石器时代进入青铜时代。

你们都背过《朝代歌》吧？前几句是："三皇五帝始，尧舜禹相传。夏商与西周，东周分两段。"其中，三皇五帝和尧舜禹的时代，也被称为"远古时代"或"神话时代"。古老的夏王朝十分神秘，它虽然存在于《史记》等古代文献中，但后人一直没有找到确凿的考古证据来证明它的存在。而二里头遗址成为证明夏朝存

绿松石龙形器

在的关键证据。从这个意义上看，二里头遗址的发现可以说立了大功！

二里头遗址中出土了一件非常珍贵的文物——绿松石龙形器，值得我们好好了解一下。

这件文物是用2000余片各种形状的绿松石片组合而成的，形状像龙，长约65厘米，龙身弯曲，好像正在游动，栩栩如生。

这件文物太精美了！它的出土引起了考古界的震动。有的学者说："绿松石龙形器的出土为中华民族的龙图腾找到了根源，它是真正的'中国龙'！"

请注意，绿松石中含有铜和铝等元素，让它呈现天蓝色、苹果绿色或蓝绿色。那时候，人们为什么要用绿松石来做装饰或者祭祀之用呢？一种可能是，他们在寻找铜矿石的过程中发现了这种矿物，并被它的颜色、质地所吸引，进而将其应用在生活中。

在几十年的时间里，考古工作者对二里头遗址进行了持续不断的发掘，证明它是一处具有都城规模的遗址，二里头遗址成为公认的探索夏文化的关键性遗址。因为二里头遗址的存在，中华文明的历史变得更加完整、灿烂了。

此外，在距离二里头不远的地方（在今洛阳市偃师区），考古工作者还发现了一处商代宫城遗址。它是商代早期一处规划严谨、布局清晰的具有都邑特征的大型城址。有学者认为，它就是古籍中所说的商汤灭夏之后建立的都城——西亳。

综合来看，从仰韶遗址到陶寺遗址，再到二里头遗址和偃师商城遗址，很多具有重大文化价值的遗址在黄河流域被发现，证明了中华文明的源远流长、兼容并包，我们可以自豪地说：黄河孕育了中华文明，黄河是中华儿女当之无愧的母亲河！

最早的"中国"

考古学家认为，陶寺遗址"很可能"就是传说中的尧都，也就是远古时期尧建立的都城。

为什么说"很可能"呢？因为考古工作者没有在这里发现文字记载，只能凭借推测下结论。不过，在晋陕大峡谷的另一边，黄河的支流渭河形成的冲积平原上，我们却切切实实地发现了"中国"二字。

1963年8月，陕西宝鸡的一个村民偶然从土里挖出了一件铜器。后来，这件铜器几经辗转，被卖给了废旧物品回收站。宝鸡市博物馆的工作人员恰好看到了这件铜器，觉得它的造型不同寻常，判断它是件文物，便向博物馆汇报，最终将这尊高38.8厘米、重14.6公斤的铜器买回博物馆。

经过鉴定，考古工作者确定这是一尊西周早期的青铜酒器。这尊酒器成了宝鸡市博物馆收藏的第一件青铜器，是博物馆的镇馆之宝。

在后来的一次展出中，一位考古专家见到这件青铜器，觉得十分纳闷：这么大的器物上怎么没有铭文呢？要知道，青铜器上有没有铭文，历史价值可完全不同！他一边思考一边摩挲着青铜器内壁，感觉底部凹凸不平，似乎刻着文字或者符号。他十分惊喜，立刻采用技术手段探寻，果然在那里发现了12行铭文。

这12行铭文共100多字，记录的是周成王营建成周、举行祭祀的一系列活动。其中，最为重要的是铭文引用周武王祷告的话："宅兹中国，自之乂（yì）民。"大意是：把这里当成天下的中心，亲自统治这里的人民。

铭文拓片（红框内为"中国"二字）

这件青铜器被命名为"何尊",是我国目前为止找到的最早记载"中国"二字的文物。"中国"有"天下之中"的含义,意思是我周武王居住的地方,就是天下的中心。

后来,"中国"的概念随着时代的发展逐渐演变,到秦始皇建立秦朝时,秦朝统治的地方都可以叫中国。从此,中国成了中原王朝的代名词,不论时代如何变化,这一称谓一直存在。新中国成立后,中国成了中华人民共和国的简称。

追根溯源,"中国"就诞生在黄河之滨。

何 尊